ヤマケイ文庫

山階鳥類研究所のおもしろくてためになる

鳥の教科書

山階鳥類研究所

Yamashina Institute for Ornithology

Y. L.
Yamakei Library

はじめに——文庫化に寄せて

本書は、タイトルは変わったが日本実業出版社から2004年に出版された『おもしろくてためになる鳥の雑学事典』の文庫版である。内容は基本的には前書と変わらず、第1章では「鳥とはどういう動物か」、第2章では「鳥たちはどのように生活しているか」、第3章では「鳥たちがたどってきた進化の道筋」、第4章では「鳥たちに関する興味深い話題」が簡潔にまとめられている。

そうは言うものの、出版からおよそ20年が経過し、改変するべき点も出てきた。特に研究所の目玉となっているアホウドリやヤンバルクイナの保全研究に関しては、書き加えるべきことが多々あった。そのほかにも、各執筆者が前書を丁寧に見直してデータをアップデートしてくれた。

皆さんは鳥について知りたいことが山ほどあるだろう。しかし、なかなかわかりやすく書かれたものは少ない。山階《やましな》鳥類研究所の研究者は、我が国で最も鳥を知っている人たちであるといっても過言ではない。この人たちが、自分たちの経験を通じて身につけた「鳥についての深い思い」が、各人の豊かな個性とともに本書には表出しているはずである。この山と溪谷社の文庫版をぜひ手に取って、楽しんで読んでいただきたい。

2023年8月

山階鳥類研究所元所長　山岸　哲《さとし》

山階鳥類研究所のおもしろくてためになる鳥の教科書……目次

第1章　鳥の世界入門

第2章　鳥たちの生きる知恵

第3章　鳥たちの歴史と未来

第4章　知って楽しい鳥のトリビア

カバーデザイン　MIKAN-DESIGN（美柑和俊・滝澤彩佳）
カバーイラスト　重原美智子
本文イラスト　小泉素子・平岡　考
DTP　千秋社
文庫版編集協力　平岡　考・千田万里子（山階鳥類研究所）
文庫版編集　神谷有二（山と溪谷社）

※本書に用いた、捕獲した鳥および巣内のヒナの写真はすべて環境省の許可（国内）または当該国の対応する許可（国外）を得て行われた調査研究の資料のために撮影されたものです。

第1章　鳥の世界入門

鳥とはどんな動物か？起源は恐竜？

ジュラ紀後期に生息した恐竜類「始祖鳥」

1860年、ドイツ南部のババリア地方で1枚の羽毛の化石が発見されました。翌1861年には同所から、尾が長く翼があり、羽毛に覆われた爬虫類のような生き物の化石が発見されました。この始祖鳥（アーケオプテリクス・リトグラフィカ）と名付けられた生き物は、今から約1億4700万年前の中生代ジュラ紀後期の鳥であり、現在までに全部で1枚の羽毛と12個体の化石が発見されています。始祖鳥はハト位の大きさで小さい歯があり、前足は翼と化しているものの指と爪があり、飛ぶための筋肉が付着する胸骨は小さく、滑空はできたかもしれませんが、上空を飛びまわることはほとんどできなかったと推定されています。

始祖鳥の発見から130年以上経った1990年代になって、とくに中国からシノサウロプテリクスやカウディプテリクス・ゾウイなどいくつかの、羽毛または羽毛のようなものに覆われた無飛力の脊椎動物の化石が約1億2500万年前の地層から発見され、羽毛は本来は飛ぶためのものではなく、恐らく断熱効果として機能したのであろうと考えられるようになりました。

始祖鳥やこれらの化石は、最近の脊椎動物の新しい分類では恐竜類として分類されるようになりました。鳥は恐竜の直系の子孫なのかということについては研究者の間に議論がありましたが、研究の進展によって現在では鳥が恐竜に含まれることが定説になったのです。鳥類以外の恐竜にも羽毛をもつものがいたことが明らかになり、さらに温血性のものがいたと考えられるようになった結果、鳥とは羽毛のある温血動物であるという従来の定義は、すでに通用しなくなりました。

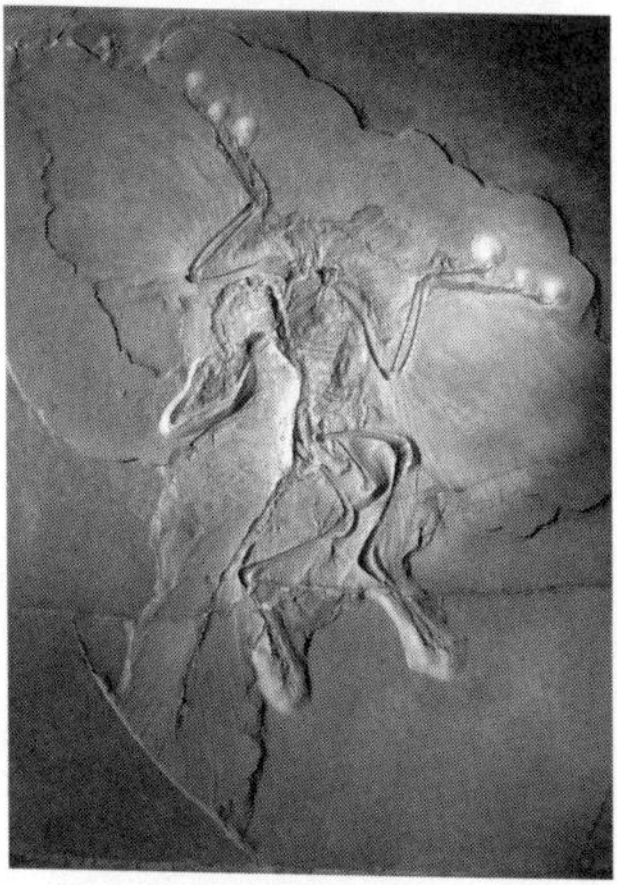
「ベルリン標本」と呼ばれる始祖鳥の化石（写真＝soerfm）

約1億年前には飛ぶ鳥が出現

化石の研究によれば、現代の鳥と基本的に同じ構造をした飛力のある鳥は、始祖鳥が繁栄したジュラ紀後期から約3000万年後の中生代白亜紀初期には出現しており、中にはヘスペロルニスのように再び無飛力となった鳥も、約7000〜9000万年前に出現していました。

現代の鳥と同じ科に属する鳥は、今から約6500万年前から3800万年前の白亜紀の後期から新生代第三紀の前半に出現し始め、5400万年前から3800万年前の第三紀始新世には、少なくとも30の現代の鳥と同じ科が登場していたことが知られています。現在、鳥の約60%を占めるスズメ目の鳥は、約7100万年前の白亜紀の後期にはすでに出現し始めたという研究もありますが、近年、4000万年前の第三紀始新世に出現し始めたという結果も発表されています。スズメ目の鳥が、爆発的に種が分かれて進化していった（適応放散：24ページ参照）のは、第三紀の中期のことと推定されています。

（茂田良光）

どれだけいるのか？　世界の鳥、日本の鳥

世界には何種類の鳥がいる？

　鳥は地球上の至る所に分布していますが、最新の情報によれば、世界には現在、約1万〜1万1000種の鳥がいることが知られています。とはいえ、この世界に何種の鳥がいるのか、という質問の答えは簡単ではありません。鳥の種数は、いくつかある種の概念のうちどれを採用するかということと関連し、また、種の概念そのものが研究が進むのにともない新しいものに変わるため、世界の鳥の種数も頻繁に変わってしまうのです。もちろん、新種が発見されて種数が増えることも毎年のようにあり、絶滅して種数が減ることもあります。さらに、ある亜種（種の中の地方型）を亜種として認めるか、亜種でなく種として扱うかという問題があり、見解が学者により異なることがあるために、鳥の種数は正確には決まらないのです。

　世界ではなく、ある地域の鳥の種数となるともっとたいへんです。鳥には定住性

の種でないものが多くあり、ある地域で新しく記録される種が頻繁に加わるためカウントはいっそう複雑となり、鳥の種数は頻繁に変わることになります。

日本だけに生息する固有の鳥も多い

日本の鳥についても同様で、たとえば、日本鳥学会が発行している日本の鳥の種数を示した『日本鳥類目録』では、1974年の第5版では490種だったのが、2000年の第6版では542種、2012年の第7版では633種と変わっています。第5版と異なり第6版ではコジュケイのような外来種は除かれ、さらに第7版では絶滅鳥が除かれていますが、第5版から第7版までの38年で140種以上も日本の鳥が増えています。この間には新種ヤンバルクイナの発見がありますが、種数がこのようにも増えたのは、主に従来は外国の鳥だった種が国内で記録されたためです。鳥の分布は安定したものではないので、また、バードウォッチャーが増えて発見率も向上するので、この種数は今後も増え続けることが予想されます。

日本の鳥の分布は、動物の分布によって世界を地理的に区分した動物地理区の上では、北海道から屋久島までは旧北区に属し、それより南（奄美大島以南）は東洋区に属しています。日本列島は南北に長く延びる島国であるため、面積が小さいにもかかわらず日本国内に限って生息する鳥が多くいます。種のレベルでその場所にしかいないものを固有種といいますが、日本には、合計で14種の固有種が記録されています。

日本の14種の固有種とは、ヤマドリ、リュウキュウカラスバト、オガサワラカラスバト、ヤンバルクイナ、アマミヤマシギ、ミヤコショウビン、アオゲラ、ノグチゲラ、ルリカケス、メグロ、オガサワラガビチョウ、アカコッコ、アカヒゲ、オガサワラマシコです。このうちリュウキュウカラスバト、オガサワラカラスバト、ミヤコショウビン、オガサワラガビチョウ、オガサワラマシコの5種はすでに絶滅しています。

近年、DNAを用いた分子遺伝学的手法による分類の再検討が進み、日本産の鳥類のなかに海外や国内の近縁の仲間とは異なる独立の種と考えられるものがいくつか出てきています。2024年に刊行される予定の『日本鳥類目録』第8版では、キジ、リュウキュウサンショウクイ、オリイヤマガラ、ホントウアカヒゲ、オガサワラカワラヒワの5種が固有種の仲間入りをすることになりそうです。（茂田良光）

重さ、大きさ、速さ、寿命……レコードホルダーの鳥たち

体重の軽い鳥と重い鳥

世界で体重の最も軽い鳥はキューバのマメハチドリといわれ、2グラムほどの体重です。現生の鳥で最も重いのは飛べないダチョウで、重いものでは約150キログラムの体重があります。絶滅鳥も含めるとオーストラリアにいたドロモルニスは500キログラムあったとされ、マダガスカルにいたエピオルニスは457キログラムという推定値があります。これらは2種とも飛べない鳥です。

飛べる鳥は物理的にあまり体重が重くなることは難しく、現生の鳥ではアフリカオオノガンの重い個体で19キログラム、ノガンの雄の重い個体で18キログラム、オオハクチョウ、コブハクチョウ、ナキハクチョウなどの重い個体で13〜14キログラムというものが重い部類でしょう。コブハクチョウでは22・5キログラムという記

録もあるそうですが、これは半野生で飛ぶ必要がない個体だったのかもしれません。

日本に普通に生息する鳥で最も重いものは前述のオオハクチョウですが、生息記録の少ない鳥を含めるとナキハクチョウ、コブハクチョウ、ノガンも交えた争いとなります。日本の鳥で軽いのはキクイタダキとカラフトムシクイで、キクイタダキでは平均5・6グラム、カラフトムシクイでは平均6グラムという調査結果があります。

翼のさしわたしの大きい鳥

広げた翼のさしわたし（翼開張《よくかいちょう》）が世界で最も大きいのはワタリアホウドリで、大きな個体で350センチメートルあります。日本に通常生息している鳥で最も翼開張の大きいのは、オオワシ、タンチョウ、オオハクチョウなどで、いずれも大きな個体で250センチメートルにわずかに足りない翼開張があります。生息記録の少ない鳥を含めると上述のワタリアホウドリのほか、クロハゲワシ（大きな個体で295センチメートル）も翼開張の大きい鳥です。

卵の小さい鳥と大きい鳥

卵が世界で最も小さいのはジャマイカのコビトハチドリといわれ、その長径は10ミリメートルに足りません。最も大きいのは現生の鳥ではやはりダチョウで、長径×短径が約16×13センチメートルあります。絶滅鳥ではエピオルニスの卵が約34×24センチメートルあり、8リットルの容積があります（下写真）。体の大きさに比べて大きな卵を産むのはニュージーランドのキーウィの仲間で、体重1・8キログラムのところ卵重420グラムもある、体重の4分の1近い重さの卵を産みます。

日本で繁殖する鳥の中で卵が最も小さいのはキクイタダキで、約14×10・5ミリメートルです。最も大きいのはアホウドリで、約119×74・5ミリメートルの大きさがあります。

エピオルニス（右）とダチョウ（左）、ニワトリ（手前）の卵

長生きの鳥

鳥の寿命はどのくらいかという質問はよく聞かれるものですが、答えるのは難しいものです。野外の鳥の平均寿命や長寿記録は、鳥に足環を装着して個体識別する標識調査（245ページ参照）によって調べることができますが、そのような調査によれば、多くの個体がヒナのうちに命を落とし、成鳥になるまで生き残るものはごく少ないのが通例です。これは野外では外敵、病気、餌不足等の各種の危険にさらされているためです。この結果、卵が産まれたときを誕生として計算すると、スズメ目に分類されるいわゆる小鳥類の平均寿命は1年に満たないこともあります。ほとんどが最初の繁殖を迎えることができず、子孫を残さずに死んでいくわけです。

それでもごく一部の個体は成鳥になるまで生き残り、そのまた一部に長生きするものがいます。それが野外での長寿記録です。一方で、理想的な飼育条件で大切に飼われたときの寿命の最高値としての長寿記録もあります。このときの寿命は、鳥が外敵にも、病気にも、餌不足にも遭うことなく恵まれた条件で生活していたらどのくらいで老衰で死ぬかという数値に近いものになるでしょう。

標識調査での野鳥の長寿記録では、コアホウドリ71年、シロアホウドリ60年、ミヤコドリ43年などがあります。スズメ目のいわゆる小鳥での野外での長寿記録では、ホシムクドリの22年やクロウタドリの21年などが記録されています。

2022年12月に撮影された71歳の長寿記録をもつコアホウドリの「Wisdom」（写真＝U.S. Fish and Wildlife Service）

小鳥でも、アオジで14年という記録がある

日本で記録された標識調査による野鳥の長寿記録としては、オオミズナギドリで40年というものがあります。この個体は1975年に京都府の冠島で成鳥として足環をつけられ、2012年にマレーシアのラブアン島で保護された後、死亡したものです。ヒナが成鳥になる年数を足して、40年生きたと推定されます。また日本で記録されたスズメ目の小鳥の野外での長寿記録としては、アオジの14年、オオヨシキリとシロハラの11年、オオジュリンの10年というものがあります。このアオジもオオヨシキリもシロハラも、再捕獲されて足環の番号を記録された後、元気に放鳥されましたので、この年数よりももっと長く生きたことになります。

飼育下の長寿記録で驚異的なのは、オウムの仲間のキバタンの記録でしょう。1982年にロンドン動物園で死んだコッキーという名前のキバタンは、動物園に譲られる前の飼い主に1902年には飼われていたことがわかっていて、80年は確実に生きていたそうです。

飛行の速度が速い鳥

飛行の速度は計測が難しいものです。まっすぐな道を自動車で走っているときにたまたま鳥が平行して飛んでいると、その速度は速度計でわかるように思えますが、普通はそのときの風速までは考えていません。鳥が何をしているかによっても速度は当然違い、種ごとの比較をして一番速いというのを決めるのはなかなか難しいのです。

無風または微風の条件下でレーダーによって計測された、最も速い定常飛行の速度とされるのはケワタガモの時速76キロメートルといわれています。すべての飛翔形態を含めて最も速いのはハヤブサの仲間の急降下ではないかといわれますが、ハヤブサの急降下の速度も時速180キロメートル程度という推定もある一方、時速252〜324キロメートルという推定もあります。

渡りの距離が長い鳥

渡りの距離の最も長い鳥として挙げられるのはキョクアジサシで、片道1万8000キロメートルを移動するといわれます。たとえば北アメリカの北極圏で繁殖するものの場合は、繁殖地から大西洋を渡ってヨーロッパ・アフリカ沿岸を南下し、アフリカ大陸南端に達してから、再度大西洋を渡って南アメリカ南部のパタゴニアから南極周辺に達し、そこで北半球の冬を越します。地球一周の距離は約4万キロメートルですから、キョクアジサシは片道で地球半周に近い距離を飛ぶことになります。

日本に生息する鳥で確実な証拠のある移動の最も長距離のものはオオトウゾクカモメのもので、南極で足環を付けられた個体が北海道の近海で発見された例があり、移動距離は1万2800キロメートルに及びました。

（平岡　考）

見てくれは違ってもみんな仲間
——オオハシモズ類の「適応放散」

さまざまな形の嘴《くちばし》を持つオオハシモズの仲間

アフリカ大陸の東海岸沖にマダガスカル島という島があります。この島にはこの場所にしかいないオオハシモズの仲間がいます。

各大陸では昔から多くの哺乳類や鳥類が進化してきましたが、マダガスカル島は数千万年前頃にも現在同様海の彼方にありました。つまり、大陸で進化した哺乳類や鳥類のうち、現在マダガスカル島でも暮らしている動物は、海を越えてたどり着いたものの子孫ということになります。大陸ではさまざまな種がいて生存競争が激しかったのですが、マダガスカル島はたまたま海を越えてくることができたものだけの土地だったので、生存競争はそれほど激しくなかっただろうと考えられます。

オオハシモズ類の祖先は、競争相手が少ないマダガスカル島にたどり着けた数少ない鳥の一つであったと考えられます。この仲間がたいへん面白いのはその形、とりわけ嘴《くちばし》の形が千差万別であることです。ピンセットのような長い嘴を持ったものから、縦に平たい嘴を持ったものまで、いろいろな仲間がいます。これらの嘴の形は、それぞれの餌のとり方と関連していることがわかっています。

マダガスカルにはキツツキの仲間はおらず、ヒタキの仲間も少ないのですが、それに代わって木の幹を移動しながら餌をとるものや、ヒタキのように空中で飛んでいる虫を捕らえるオオハシモズがいます。普通、大陸では（日本でも）同じような餌のとり方をするのは同じ仲間であって、当然形もよく似ています。しかし、オオハシモズの仲間は同じ仲間であるにもかかわらず、形がバラバラで、生活（餌のとり方）もバラバラなのです。これは「適応放散」と呼ばれる現象で、競争相手が少ないところへ侵入した種がさまざまな形へと進化して仲間（種）が増えたときに起こると考えられます。

DNA比較で新たな発見

しかし、私たちは進化した結果を見ているのであって、進化してきた過程を確かめたわけではありません。オオハシモズという仲間であるといいましたが、それ自体確かなことでしょうか？　そもそも違う仲間であったら、違って見えるのは当たり前です。

もちろん、仲間であるという根拠はあります。他の動物の場合でも同じことですが、オオハシモズの場合も、一見違って見えても詳細を見ると共通点が見い出せる

さまざまなオオハシモズの仲間。上からハシナガオオハシモズ、ヘルメットオオハシモズ、ルリイロオオハシモズ（写真＝Marc Guyt、AGAMI stock、neil bowman ／ iStock）

のです。オオハシモズ類の場合、頭骨の形や顎《あご》の筋肉の付き方、羽の生える部位、足の鱗《うろこ》の配列などから見ると、一つの共通した特徴を持つとされました。しかし、それらのことが書いてある科学論文にははっきりしない部分もあり、さらに古い論文では違った見解がたくさんある状態でした。

そこで、最近盛んに用いられるようになったＤＮＡの塩基配列を比較する方法を採り入れて、オオハシモズ類が確かに一つのグループなのかを検証する研究が行われました。その結果、やはりＤＮＡ塩基配列で見ても、オオハシモズ類とされた種はみな一つのグループであるということがわかりました。そのうえ、マダガスカルに住むニュートンヒタキ類、ハシナガマダガスカルチメドリ、マダガスカルタンビヒタキもオオハシモズの仲間であるとわかりました。〝形〟で議論されていたときから、アフリカに住むメガネモズの仲間が近い仲間であると考えられてきたのですが、やはりメガネモズの仲間に近く、アフリカから東南アジアに住むタンビヒタキやモズサンショウクイの仲間などに近いということがわかりました。（浅井芝樹）

万国共通の学名のルール
──アカヒゲとコマドリは学名がさかさま

学名ってどんなもの?

鳥には、一般的（通俗的）な呼び名とは別に、万国共通の「学名」が付けられています。鳥類図鑑を開くと、和名（たとえばコマドリという日本語の名前）の後ろにErithacus akahige（エリタクス・アカヒゲ）というローマ字の2語が書いてあるのがそれです。えっ、コマドリの学名がakahigeなの？　アカヒゲって別の鳥だよね!?　と思ってアカヒゲの学名を見るとErithacus komadori（エリタクス・コマドリ）と書いてあります。これって図鑑編集者の間違いじゃないんでしょうか。学名ってどうなっているんでしょう?

物の名前が地域によって違うことを「難波の葦《あし》は伊勢の浜荻《はまおぎ》」というそうですが、鳥の名前も世界中でばらばらに付けられているのでは、国境を越えて話し合うとき不便です。たとえば、英語でブラックバード（Blackbird）といえばイギリスではクロウタドリというツグミの仲間ですが、アメリカではムクドリモドキ科という別の仲間の鳥ですので、イギリス人とアメリカ人が話すとややこしいことになります。

そこで研究者の間で、世界中の生物には万国共通の名前を付けることが取り決められています。これが「学名」で、先のクロウタドリの学名はTurdus merula（トゥルドゥス・メルラ）です。

学名はラテン語または別の言語をラテン語化したもので付けられます。これに対し、クロウタドリ、ブラックバードなど、それぞれの国の言葉で付けられた名前は「通俗名（俗名）」と呼ばれます。和名も俗名の一つです。ブラックバードと言うと誤解が生じますが、Turdus merulaという学名を言えば、少なくとも研究者の間では間違いなく同じ鳥のことを思い浮かべることができるのです。

学名は一度記載したら変えられない

鳥の学名のルールについては、他の動物と併せて「国際動物命名規約」という取り決めによって定められています。この規約の主眼の一つは学名の混乱を防ぐこと

テミンクが著した『新編彩色鳥類図譜』のアケヒゲ。本書でアカヒゲに *Sylvia komadori* という学名が付けられた。その後、属名は *Erithacus* になったが、種小名はそのまま *komadori* が用いられている

にあり、「すべての動物の種はただ一つの有効な学名を持つ」ということが基本的なルールになっています。

学名には特許庁のような登録機関があるのではなく、それぞれの研究者がその時々で別個に付けているので、たまたま同じ種類に別の研究者が別の学名を付けてしまうことも起こります。そのようなときには、先に付けた方を有効名として使うように取り決めて、学名の安定をはかっています。また、綴りなどを間違えて記載（命名して発表すること）してしまった場合でも、原則として修正できないという厳しい規定があります。間違いに気付いて後から直すと、結果的にいろいろな学名が出回ってしまい、かえって混乱するという経験から、このように定められているのです。そして、まさにこれが、冒頭のアカヒゲとコマドリの学

名が入れ替わっている理由なのです。

こうしてさかさまになった

アカヒゲとコマドリの学名は、両方ともオランダ国立自然史博物館長C・J・テミンクが1835年に命名しました。両種とも、ほぼ日本特産といっていい鳥です。命名したテミンクは、当時（江戸時代）の日本にいたP・F・シーボルトが送ってきた鳥類標本に基づいてこれらの種を命名したのですが、どうもこのとき、標本に付けられていたラベルが取り違えられていたようです。そのためテミンクは、アカヒゲにkomadori、コマドリにakahigeという学名を付けてしまいました。和名を知っている日本人から見れば明らかな誤りでとても居心地が悪い学名ですが、学名を付ける行為はきちんと行われているため正式な学名として扱われ、現在でも世界に通用する名前となっているのです。

ちなみに学名の1語めは属名、2語めは種小名といい、アカヒゲとコマドリがErithacusという同じ属名であることは、両種が近縁であることを示しています。

（平岡　考）

鳥の和名はいつ、どうやって決まった？
――ミソサザイに見る和名の変遷

「標準和名」とは何か

国際的に用いられる「学名」は、一種につき一つと決まっていますが、一般的に使われる通俗名については、一つの種の鳥に異なった名前がいくつもあると、たいへん困ったことになります。1羽の鳥を指してある人は○○と呼び、他の人が××と言ったら混乱を生じるでしょう。そこで、今使っている日本語の鳥の名前、すなわち和名は、全国的に統一した名前を用いることにしています。それを「標準和名」と呼び、鳥類図鑑など鳥に関する書籍は、この標準和名を使っています。

一方、標準和名とは別の名前で鳥を呼ぶこともあります。それは、それぞれの土地で伝統的に呼んでいる地方名で、方言名のことです。私たちの祖先は、文字を持つより前から鳥たちの名前を認識していたに違いありません。多くの種類の生き物の中で、自分たちに有益な生き物や、害を及ぼす生き物を識別することは、生存していく上で不可欠だと考えられるからです。しかし、それを文字として後世に伝える手だてがなかったために、私たちはそれを知ることができません。

江戸時代には定着していた「ミソサザイ」

ミソサザイという小鳥は、日本産の小鳥の中でも最も小さい部類に入り、体重はわずか10グラムしかありません。夏は低山から亜高山帯までの沢沿いの藪《やぶ》や林に住み、冬は平地に移動し、人家近くの薄暗い藪で生活します。

ミソサザイの名は、江戸時代にはすでに定着していました。江戸時代のいくつもの本草書や禽譜《きんぷ》にミソサザイと記されています。それらの書籍の中には異名、すなわち方言名も記録されています。そのいくつかを紹介すると、みそつく（上野）、みそってう（周防）、みそっとり（西国）、みそてう（薩摩）、みそぬすみ（奥州）、みそはえ（河内）、みすくぐり（仙台）……など、まだまだたくさんあります。

これらの方言名の〝みそ〟の多くは、〝味噌〟に解されているように思われます。奥州の〝みそぬすみ〟は、この鳥が冬に人家近くに現れ、ときには暗い厨《くりや》に迷い込

ミソサザイの名前は室町時代に生まれて江戸時代には定着していた（写真＝私市一康）

んだりすることから、味噌を盗んでいるに違いないと思われたのでしょう。西国の〝みそっとり〟は、この鳥のこげ茶色の羽色を味噌の色になぞらえたとも考えられます。

それではミソサザイという名がいつ頃定着したのかを探ってみると、安土桃山時代にはすでに〝みそさざい〟が記されています。少し遡って室町時代には、〝みそさざい〟と〝みぞさんざい〟という名が併記されていて、ミソサザイという名前がこの時代に生まれたことがわかります。そして鷦鷯《みぞさんざい》は「此鳥　溝ニ栖ムコト三歳　故ニ溝三歳ト呼ブ」と説明されています。つまり溝に住む〝さざい〟ということで、〝さざい〟を〝さんざい〟と訛《なま》って三歳の字を当てたのだと考えられます。すなわち室町時代の〝みそ・みぞ〟は、溝（水辺）の意味であったのです。

さらに遡ると、ミソサザイは奈良時代から〝さざき・ささき〟の名で知られています。〝ささき〟の「ささ」は小さいという意味ですし、「き」は鳥を示す接尾語なので、〝ささき〟は「小さい鳥」という意味になります。

話の本題に戻ると、いま使われている和名の多くは、すでに江戸時代に定着していて広く用いられていた和名を継承しています。明治・大正時代にいくつかの日本産鳥類目録が編纂されたとき、古くからの和名がそのまま用いられた例が多いからです。標準和名は、紛らわしい名前を避けること、古くから使われている名前を尊重すること、という基本原則にのっとっていると私は思います。

（柿澤亮三）

進化のいきさつが決める多様性
——姿はソックリ、ハチドリとタイヨウチョウ

体が小さく花の蜜を吸う2種類の鳥

ハチドリが花の蜜を吸う画像をテレビの動物番組などでご覧になったことがあるのではないでしょうか。ハチドリの仲間は、全長が2〜9センチメートルほどの大きさで、体重は2〜9グラムのものがほとんどというごく小型の鳥のグループで、300種を超える種類がいます。嘴《くちばし》が長く、花の前でホバリング（空中に飛びながら停止すること）をしながら花の蜜を吸います。その様子が昆虫のハチに似ていることから、日本語ではハチドリと呼ばれています。体に金属のような光沢があるのも特徴です。

テレビ番組などだけで見ていると、ハチドリ類は花の咲き乱れる熱帯地方ならどこにでもいそうな気がしてしまいますが、実はハチドリ類は南北アメリカだけに生

息していて、アジア・アフリカ・オセアニアにはいません。アジア・アフリカ・オセアニアには、あたかもそれにとって代わるように、体が小さくて花の蜜を吸い、体が金属光沢の、ハチドリによく似た別の鳥の仲間がいます。これがタイヨウチョウ類です。

タイヨウチョウの仲間は全部で100種を少し超える種類がいて、いろいろな生活をしていますが、多くの種はハチドリに似ていて、花の蜜を吸って生活しています。

遠縁でも姿や生活がよく似る「収斂《しゅうれん》進化」

ハチドリ類とタイヨウチョウ類は、外見や生活がとてもよく似ているので、ちょっと考えると当然類縁も近い親戚同士だろうと思ってしまいますが、解剖学的な特徴などから、実は縁の遠い仲間だということがわかっています。ハチドリ類は、アマツバメ目ハチドリ科に属しますが、タイヨウチョウ類はスズメ目タイヨウチョウ科なのです。ハチドリ類の一番近い親戚は、よく似たタイヨウチョウ類ではなくて、アマツバメ類というわけです。アマツバメ類は、長い鎌のような尖った翼で空中を

遠く離れた場所で、分類が異なる鳥が同じような形態に進化したハチドリ（上／ノドアカハチドリ）とタイヨウチョウ（下／オナガゴシキタイヨウチョウ）（写真＝CarolinaBirdman、Catherine Withers-Clarke ／ iStock）

飛びまわって昆虫などを食べており、一見した姿はハチドリ類とは似ても似つかないものです。

タイヨウチョウ類の一番近い親戚がどんな鳥なのかは難しいですが、少なくとも別の目に属するハチドリ類より、同じスズメ目のカラスやヒバリに近いと考えられるのです。

このように、類縁が遠い生物がよく似た姿になりよく似た生活をするように進化することを、「収斂《しゅうれん》進化」と呼びます。ハチドリ類の先祖はアメリカで、一方タイヨウチョウ類の先祖はアジア・アフリカ・オセアニアのどこかで、別個独立に花の蜜を利用して生きていくような体と生活を進化させてきたのです。同じように花の蜜を利用しますから、同じように嘴が長くなり、同じような小さな体になり、同じようにホバリングするようになってきたのでしょう（ただし、タイヨウチョウ類はハチドリ類ほどホバリングが上手ではありません）。

生物の分布は、過去の大陸の位置関係などのいきさつで決まっており、世界中すべての土地にすべて共通の鳥の仲間が住んでいるわけではありません。たとえば花の蜜のように同じように利用できる資源があるとき、地球上のある場所ではアマツバメ目の祖先がそれを利用してハチドリ類が進化し、別の場所ではスズメ目の祖先が利用してタイヨウチョウ類が進化してきたのです。このように地球上の鳥類の種類と分布は、過去の進化のいきさつなどの偶然が大きく作用しながら、多様なものに進化してきたといえます。

（平岡　考）

鳥の分布はどうして決まる？
——北海道では平地にもいるルリビタキ

起源に関係する地理的分布

生物の分布は、それぞれの種の起源と密接な関係があります。長い進化の歴史の中で多くの種が絶滅したと思われますが、中には爆発的に増えたものもあり、その結果が現在に反映されていると考えられます。同じ系列の動物が生息する地域を区分けした動物地理区では、日本の大部分はヨーロッパからロシア・中国を含む旧北区に属しますが、奄美大島以南はインドや東南アジアを含む東洋区に区分されています。もちろん両区に共通の種はたくさんいますが、ここを境に一方にのみ分布する種も少なくありません。

日本の鳥類は、スズメのように全国的に分布する種から、特定の限られた島にのみ分布する種までさまざまです。優雅で美しいタンチョウは、日本では通常北海道の東部でしか見ることができません。また、1981年に新種の鳥として発見されたヤンバルクイナは、沖縄本島の北部にしか生息していません。このように、種類によって生息地が限られているものがある一方で、スズメのように人が住んでいるところならどこでも見ることができるものもいます。

繁殖分布に注目すると、海鳥のエトピリカやウミガラスをはじめノゴマやセンニュウ類などは北海道以北で繁殖しますが、エリグロアジサシやベニアジサシなどは主に種子島以南で繁殖しています。また越冬分布に注目すると、オオハクチョウは関東以北で、コハクチョウは中国地方以北で越冬し、それより南の地域で越冬することは稀《まれ》です。

それぞれの生活に基づく「垂直分布」

このような分布とは別にもう一つ、垂直的に見た分布というものもあります。つまり、高度別の分布です。たとえばライチョウは一年を通じて本州の高山で生活していますし、ホシガラスやイワヒバリも高山から亜高山帯で見ることができます。メボソムシクイやルリビタキは繁殖期には標高1500メートルより高いところで

本州では標高の高いところでしか繁殖していないが、北海道では平地でも繁殖するルリビタキ（写真＝私市一康）

生活しているといわれ、山登りをしていてこれらの鳥の声が聞こえてくると「1500メートルまで来たか」と思ったものです。

ところが、本州では高いところでしか繁殖していないはずのコマドリやルリビタキが、北海道の東部では平地で見られます。この現象、単に北海道は寒いからというわけではないようです。現にこれらの鳥は、北海道以外では、寒い地域であっても平地では見ることができません。霧の多い道東地方では夏でも気温が上がらないため、生育する植物相が本州の亜高山帯のものとよく似ています。この植生が独特の昆虫相を育み、コマドリやルリビタキの生息を可能にしたのではないでしょうか。

さらに細かい分布も

ところで、鳥のことをあまり知らない人でも、ハクチョウやカモは水辺で見られるし、タカやキツツキは山で見ることができると漠然と思っているのではないでしょうか。水辺か山かというだけでなく、もっとよく観察してみると、一つの森でも木の高いところを利用する種、樹幹部を利用する種、幹で餌をとる種、空中で昆虫を捕らえる種、地上で生活する種、あるいは林の途切れた開けたところを好む種など、種の生息領域はさまざまです。逆にいうと、種類によって生活の場や餌をとる場所などを違えているからこそ、同じ場所に多くの異なる種が生活できるのです。こういった目で改めて身近な自然を見直してみると、新しい世界が発見できるかもしれません。

（馬場孝雄）

飛ぶために特殊化した鳥の骨格

空飛ぶ爬虫類の骨はどう進化してきたか

鳥が恐竜の子孫であることは近年、広く受け入れられるようになりました。恐竜の子孫である鳥は、骨格にも爬虫類の特徴を残しています。一方、鳥は空を飛ぶということに適応して骨格を変化させてきました。

飛翔に関連した鳥の骨格の特徴として、軽量で頑丈なつくりが挙げられます。多くの骨は中空になっており軽量であると同時に、細い柱状の構造物で補強されており強度を保っています。また、体のさまざまの部分で骨が癒合《ゆごう》したりなくなったりして、骨の数が少なくなっています。これも軽量化と強度の向上に役立っていると考えられます。

首より下の胴体の、首以外のいわゆる背骨（胸椎、腰椎《ようつい》、仙椎《せんつい》）はまっすぐのままで、自由な動きはほとんどできません。その代わりに首の骨（頸椎《けいつい》）は非常に自由に動かすことができます。羽繕《はづくろ》いなどで鳥が後ろを振り返る場面を思い出してみてください。人間のように体全体をひねることはできず、体はまったく前を向いたまま、首だけをぐるりと回して振り返ることがわかるでしょう。このまっすぐな背骨が、互いに支えあってカゴのようになっている肋骨とともに、離着陸の衝撃から内臓を守っているのです。

胴体が前後、つまり首と尾を結ぶ方向にコンパクトなことも大きな特徴です。このことで足も翼も重心のそばに位置する体のつくりになり、あるときは翼で飛び、あるときは足で歩くことが可能になります。鳥の足は爬虫類の後足であり、翼は爬虫類の前足ですが、もし鳥の胴体がトカゲのように長かったら、体の重心は翼のはるか後ろ・足のはるか前になってしまい、恐らく飛ぶことも2本足で歩くことも満足にできないでしょう。

飛ぶための筋肉が付着する竜骨突起

鳥の胸には胸骨という盾状の骨が発達しており、その中央に竜骨突起という骨が、左右を仕切るついたてのように張り出しています。この竜骨突起に、翼を動かすた

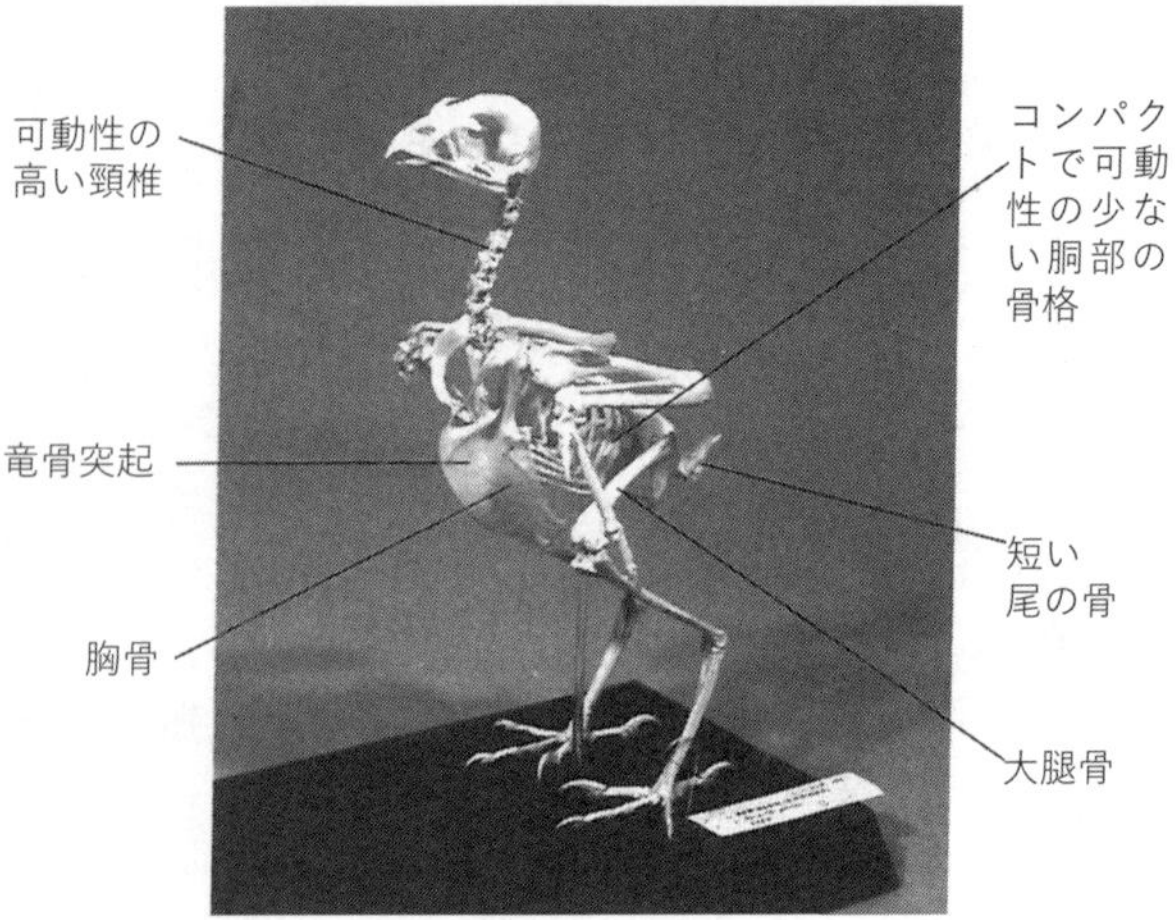

鳥の骨格（オオタカ）

めの筋肉が付着するのです。ダチョウなど無飛力の鳥では竜骨突起がなく、竜骨突起は飛ぶための筋肉の付着点として重要な役割を果たしていることがわかります。

　現生の鳥には歯がないのも大きな特徴です。鳥は基本的に餌を丸のみして、胃ですり潰すのです。歯で咀《そ》嚼《しゃく》する必要がないことで、顎《あご》も頑丈にする必要がなくなり、頭骨も軽量化できます。その代わり、多くの鳥が胃（筋胃《きんい》）に食物をすり潰すための石を持っているわけですが、恐らく頭が重いよりも体の重心近くが重い方が飛行には適しているのでしょう。

　また、鳥の尾の骨は、爬虫類の尾の骨のように長くありません。骨の数がずっと減ってごく短いものになり、その先端に尾羽が生える構造になっています。

（平岡　考）

モモはどこにある？　鳥の脚の不思議

ニワトリの脚はおなかから伸びている？

食材の買い物のとき、鶏肉を見に行くと、手羽先だの肝だのニワトリのさまざまな部位が売られています。最もよく料理に使われるのは恐らくムネ肉とモモ肉でしょう。ムネ肉は脂が少なく、あっさりした、あるいはパサパサした食感です。モモ肉はもっと脂が多く柔らかい感じです。ニワトリが歩いているところを見たことのない人はあまりいないと思いますが、はたしてムネ肉・モモ肉がどこにあるのかわかるでしょうか。ムネはすぐにわかっても、ニワトリのモモってどこだろう？　と思いませんか。ニワトリの体の下に突き出た脚の部分には、モモらしいところがありません。そういえば、スズメやカラスやハトにも、モモらしい部分は見えません。しかし、ヒトも鳥も脊椎動物の仲間であり、どちらも遠い祖先は爬虫類で共通しているので、基本的な骨の付き方などは同じなのです。つまり、ヒトのモモにあたる部分は必ずどの鳥にもあるのです。

鳥のモモは、ヒトと違って体の側面にへばりつくような配置になっています（クリスマス前にはニワトリが解体されずに丸のまま売っているので確認しましょう）。鳥の脚は体の中央あたりから下に伸びているように見えますが、おなかから脚が伸びるわけはありません。すべてヒトと同じなのですから、当然鳥の脚もお尻（骨盤）のところから伸びているのです。ヒトの場合、脚は体の真下に向けてお尻の下から伸びているわけですが、鳥の場合、膝を抱え込むような形で体の前方に伸びた後、膝下から体の真下に向かうのです（次ページ図参照）。ヒトも鳥も2本足で歩くのに、なぜこのように違っているのでしょう？

重いムネ肉とのバランスをとる

ニワトリは家禽化されており、もはや飛びませんが、鳥の最大の特徴といえばやはり飛ぶことです。しかし、飛ぶという運動は非常にたいへんな運動で、そのために鳥の体は非常に特殊化しています。まず、基本的なこととして、翼を強く大きく動かす大きな筋肉が必要です。ムネ肉はこの翼を動かすための筋肉なのです。です

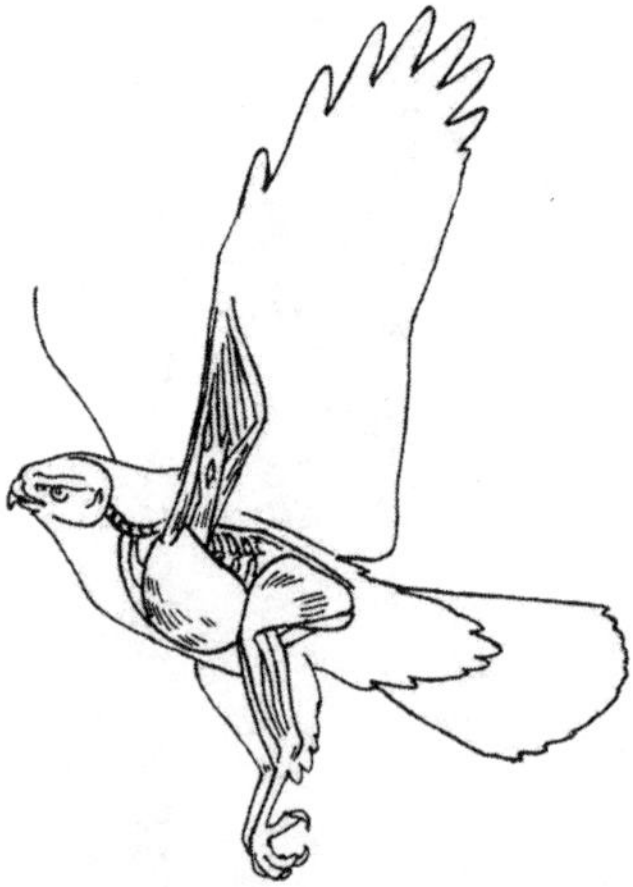

胸の筋肉は体の前半分を覆い尽くすほどの大きな筋肉である。モモ、すなわち大腿骨の部分は骨盤から前方に向かって伸びており、私たちは通常膝から下を目にしている。モモ部分は体にへへばりついているので、体の一部のように見える

から無駄に脂を蓄積したりはしていません。筋繊維がびっしりなのです。これがムネ肉の食感の理由でしょう。

ちなみに、ムネ肉は翼をうち下ろす筋肉で、翼を持ち上げる筋肉がササミです。ササミもやはりあっさりとした食感です。

この巨大で重いムネ肉を胸に取り付けてしまったために、鳥の重心は体の前方にあります。体を支えるためには脚が重心の下に来なければ前に倒れてしまいますから、鳥は脚を一度体の前の方に伸ばし、重心あたりまで膝を持ってきたところで膝下を重心の下に伸ばすことで体を支えているのです。一方、ヒトは体をまっすぐに起こしているので、脚はそのまま骨盤からまっすぐ下におろせば重心の下に脚を伸

ばすことができます。
何気なく食べている鶏肉も、鳥という生物の特徴を如実に示しています。このようなことを考えながら鶏肉を食べればより味わい深くなるでしょう（よけいまずくなるかも）。

（浅井芝樹）

嘴と砂肝も飛ぶための体の進化

鳥に砂肝《すなぎも》があるわけ

食材の買い物をして鶏肉を見に行くと、手羽先だの肝だのニワトリのさまざまな部位が売られています（前項と同じ書き出し!!）。それは牛でも豚でも同じですが、鶏でしか売られていない部位もあります。砂肝《すなぎも》です。一体これは何なのか？　一言でいってしまうとこれは胃です。しかし、当然のことながらヒトの胃とはずいぶん様相が違います。砂肝の名の通り、この中には砂粒がいっぱい詰まっています。そして非常に強力な筋肉で覆われています。

鳥の特徴の一つは嘴《くちばし》です。歯はありません。したがって食物を鵜呑《うの》みにします（鵜以外も！）。このままではうまく消化吸収できないので、砂肝（砂嚢《さのう》、あるいは筋胃《きんい》）で食べた食物をすりつぶします。砂嚢の中で砂と一緒に強力な筋肉でこすりあわせて食物を砕くのです。

鳥は飛ぶということに特殊化したため、体にいろいろな工夫があります。たとえば、44ページで説明しましたが、他の脊椎動物に比べて体が非常に軽くできていま す。頭を軽くするために、歯をやめて嘴にしてしまいましたが、歯がなくては食物を砕けません。そこで砂嚢で砕くのです。

草食の鳥は少ない

また、鳥は体を軽くしたいので、大量の食物を体にいつまでもため込むことはしません。一方で、飛ぶということはたいへん大きなエネルギーを必要とするので、どんどん食べなければいけません。そこで、非常にエネルギー摂取のよいものを食べることを選択しました。多くの鳥は動物質のものを食べます。この方がエネルギー摂取効率がよいからです。植物食の鳥もたくさんいますが、ほとんどすべてが種子や果実などエネルギー摂取効率の高いものを食べるのです。

普通の動物は、植物の体を支える主成分であるセルロースという物質を消化することができません。草食動物はセルロース分解酵素を持つ細菌を消化器官内に共生させており、セルロースを分解できるので、葉を主食にして体を維持できるのです。

しかし、効率はあまり高くできないため、結局は非常にたくさんの葉を食べ、また長い時間かけて反芻《はんすう》などをしなければなりません。しかし、葉や茎は植物体の中でも最も豊富に存在するので、草食動物はセルロースを分解できることで無尽蔵ともいえる餌を確保し、繁栄しているのです。

ところが、鳥には反芻器官などを持って草食になるものはほとんどいません。葉っぱを主食にするのは、ツメバケイやダチョウなどごく限られた鳥だけです。日本のヒヨドリも畑の葉っぱを食べますが、基本的には食物の乏しい期間しか食べません。葉を食べ、長い時間をかけて消化するということになると、どうしてもからだが重くなって飛ぶことに支障をきたすので、飛行と草食は両立しにくいのでしょう。

鳥は飛ぶということのために、骨格や筋肉だけでなく、消化器官、餌の選択までも特殊になっているのです。

（浅井芝樹）

食べ物が筋胃の大きさを決める——キンクロハジロの重装備・軽装備

筋胃《きんい》は筋肉もりもり

歯のない鳥は砂肝《すなぎも》（筋胃《きんい》）で食物をすりつぶすと説明しましたが、もう一つ、鳥は、拡張する腺状の胃（腺胃《せんい》）を持っています。通常、この両方を備えますが、どんな性状の餌生物を主に採食するかで、一方が発達、あるいは一方が退化しています（次ページ図参照）。果肉や、昆虫、動物の肉を食べる鳥、花蜜を吸う鳥は、食物をすりつぶす必要がないので不要な筋胃が退化し、腺胃が発達する一方、種子、繊維質の茎、貝など固い餌生物を主食にする鳥は、筋胃が発達しています。

筋胃は図のように、2枚の分厚い筋肉が連結した狭い室になっています。食道、腺胃から運ばれ、筋胃の内室に入った餌生物は、ここで細かく粉砕され、腸管に送り出されます。固い物を食べれば食べるほど筋胃は巨大化し、その筋肉量は、鳥の

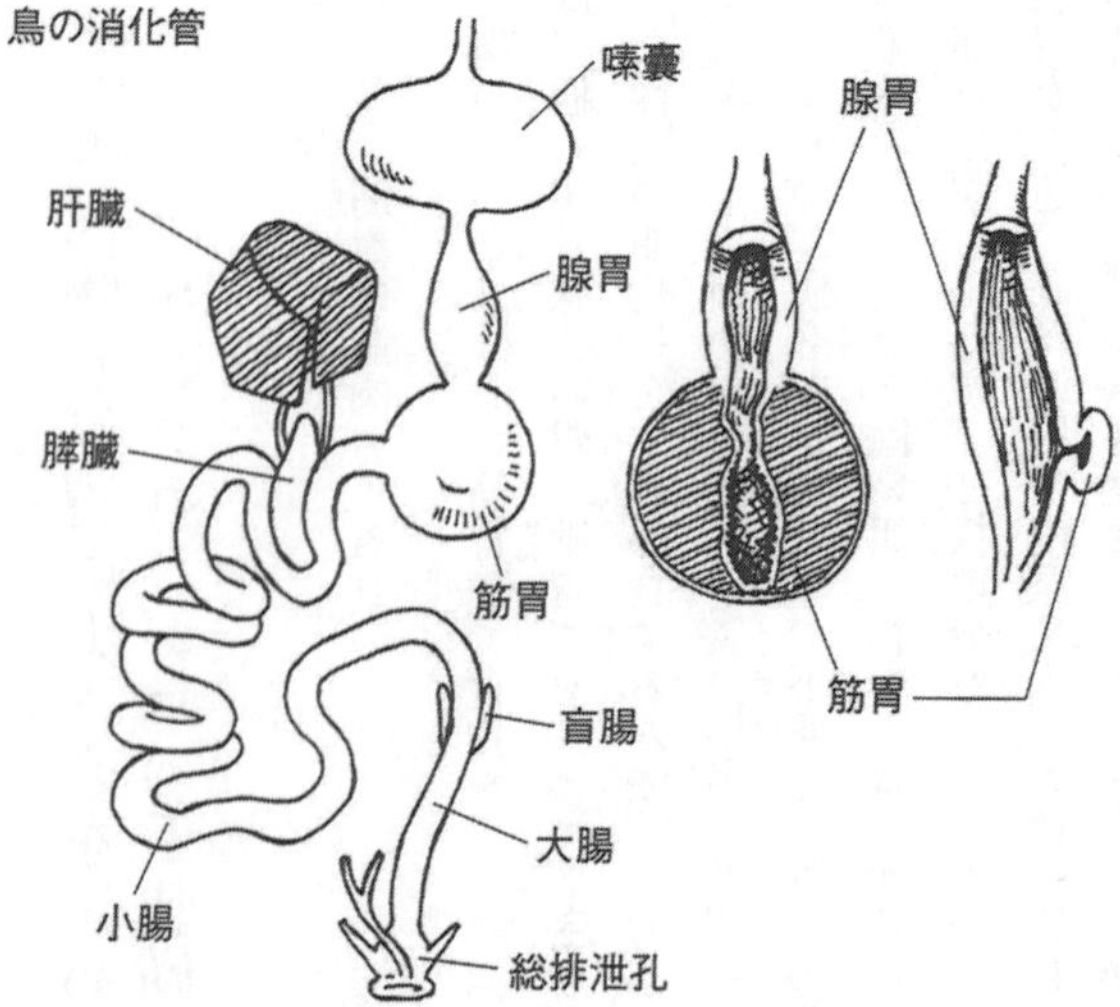

飛翔を支える総胸筋量にも匹敵するほどです。筋肉はエネルギー消費量の最も大きい体組織の一つであると同時に、軽量化に向けて進化してきた鳥にとって、消化器官の巨大化による増量と腹腔スペースの狭隘《きょうあい》化は不利に働きます。

食べるものによって筋胃が増減し、その結果、鳥自らが採食場の選択肢をせばめている実例を、冬季、大挙して日本へ渡来する潜水ガモで紹介し、筋胃の重装備と軽装備のどちらが得かを考えることにしましょう。

同種でも違いがある筋胃の大きさ

日本の湖沼や川、内湾で越冬するキンクロハジロは、水に潜って餌を捕る潜水ガモです。主に水底に住む二枚貝や巻貝などを採食します。ひれ足を使って5メートルは普通に潜り、時として10メートルくらいも潜ることがあります。

キンクロハジロは、島根県の中海、穴道湖にも毎秋、大挙して訪れます。この二つの湖は長さ8キロメートル足らずの川でつながり、鳥取県との県境にある中海は日本海につながります。

中海と穴道湖で越冬するキンクロハジロの体を比較すると、筋胃を除く体重はともに平均約800グラム、全身脂質率も約17~18%で、良好な栄養状態でした。ところが、問題の筋胃の重さは大きく異なり、中海集団では平均37グラム、穴道湖集団では平均73グラムで、約2倍もの隔たりが生じています。体重に対する割合は中海集団が体重の約4%、穴道湖集団では9%にもなり、穴道湖集団のキンクロハジロはなんとも破格の筋胃を重装備することがわかりました。

なぜ、このような差を生むことになったのでしょうか。そもそもの理由は湖沼の

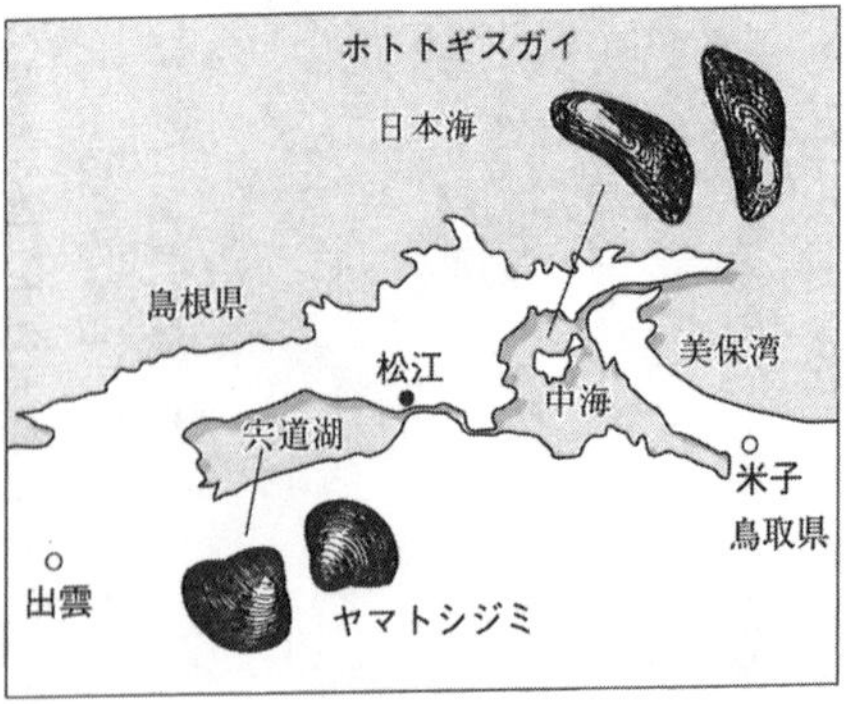

塩分濃度差にあります。

日本海につながる中海は塩分濃度が高く、その上流域の宍道湖は塩分濃度が低いため、二つの湖には、異なる種類の二枚貝が多量に生息しています。中海では塩分耐性の高いホトトギスガイが、宍道湖では塩分耐性の低いヤマトシジミが主なものです。ホトトギスガイの貝殻は人の指で潰せるほど柔らかく、一方、私たちの食卓でもおなじみのヤマトシジミは固い貝殻をしています。貝殻を取り外した両者の可食部分のカロリー価は同じなのですが、貝殻ごと丸飲みするキンクロハジロにとって、固い貝殻のヤマトシジミは、粉砕に筋胃の大きな力が要求され、しかも重量あたりのカロリー量が少ない劣った餌生物でした。仮に、筋胃の運動エネルギーが等しく、消化吸収エネルギーも等しいと仮定して、キンクロハジロが冬季、一日に必要なカロリー量を試算したところ、ホトトギスガイでは1・3キログラム、ヤマトシジミではなんと3・8キログラムにもなりました。これは、それだけヤマトシジミの貝殻部分が重いために生じたことです。

このように、頑丈な貝殻の餌生物を主食にするため、穴道湖で暮らすキンクロハジロは鉄腕アトムばりの重装備の筋胃を搭載していたわけです。スズガモなど他の潜水ガモでも、穴道湖で暮らす集団はおしなべて重装備、中海集団は軽装備の筋胃を搭載しています。

中海のキンクロハジロの方が本当に得か?

さて、そうすると、穴道湖に比べると、柔らかいホトトギスガイがいる中海の方が当然暮らしやすそうに見えますが、実はそうとばかりもいえないのです。

越冬初期から中期までの数カ月間、穴道湖よりはるかに多くのカモで込み合っていた中海では、冬もさなかの二月に入ると、多数の潜水ガモの採食によって、マット状に湖底に付着したホトトギスガイはすでにほとんど食べ尽くされ、次に柔らかい貝殻のアサリなどへの採食転換が始まります。やがてそれも、多数のカモの採食圧でほどなく底をつく事態を迎えます。しかし、隣の穴道湖へ出かけて、すでに常駐する巨大な筋胃を持つ潜水ガモと競合しながらヤマトシジミを採食し粉砕するには、中海で暮らし慣れた潜水ガモたちの筋胃の筋力は弱すぎ、十分な量を食べこなすことは明らかに無理です。その結果、越冬シーズン途中で、出雲平野の湖沼を発って、柔らかい餌生物が生息する他の水域を探して大移動せざるを得なくなります。

消化器官の制約は、みすみす餌生物が隣の採食場にいるのに利用できない〝宝の持ちぐされ〟現象を生じさせてもいるわけです。トータルでみると、重装備型と軽装備型のどちらに軍配が上がるのか、まだ議論の余地がありそうです。

（岡　奈理子）

餌が違えば嘴の形も違う

花の蜜を吸う嘴《くちばし》

生き物である鳥にとって、食べるということは最も大事なことです。空を飛ぶために翼を発達させてきた鳥は、人や猿などのように前足を使って直接食物を得ることはできません。そこで、鳥は食物を得るために嘴《くちばし》を道具として使い、さまざまな種類の食物を得られるように嘴の形を変化させてきました。

進化論で有名なチャールズ・ダーウィンは、ガラパゴス諸島にいたヒワに似た仲間の嘴の形が少しずつ違っていて、異なった種類の餌を食べ分けていることに気づきました。これと同じことが、すべての鳥の種類でもいえます。

主に熱帯地方にいるハチドリの仲間は花の蜜を吸うのですが、大きさや形がさまざまな花の種類に合わせて嘴が変化しています。多くの種類は体に比べて比較的長めで細い嘴を持っていますが、ヤリハシハチドリでは特に長く、少し反り気味に伸びた嘴の長さは、頭から尾までの体の長さに匹敵します。これは、長い筒状の花の奥にある蜜を吸うためです。

魚を捕って食べる嘴

やはり長く、かつ巨大な嘴を持っていることで顕著なのはペリカンの仲間でしょう。大型の種であるコシグロペリカンでは長さが50センチメートルに達するものさえいます。ペリカンは下嘴《かし》によく伸びる膜があり、これを膨らませて魚をすくい取るのはよく知られている通りです。

魚を食べる鳥の代表格の一つはウの仲間です。ウの仲間の嘴は先が下に鋭く曲がっていて、一度捕まえた魚を逃がさないようになっています。やはり魚を主に食べるカモの仲間のアイサ類やミズナギドリの仲間も、同じように先の曲がった嘴をしています。

魚を食べる鳥の中には、しゃもじのように平たい嘴をしたヘラサギ類もいますが、この仲間は浅い水の底を手探りならぬ嘴探りをしながら歩き回り、平らな嘴で魚を挟み捕ります。嘴の先端はウやミズナギドリ類に比べて柔らかく繊細で、嘴探りのための触覚が発達しているようです。

平たい嘴の代表はカモ類でしょう。よく発達した肉厚の舌を素早く動かしてポンプのように働かせ、浅い水たまりや水底から藻や草の種、微細な動物などを水といっしょに吸い込みます。平たい嘴はちょうど掃除機の吸い込み口として働きます。フラミンゴ類も同じようにして小さな生き物を食べますが、脚も首も極端に長いために、いくら嘴を平たくしても水底の泥の表面を吸い取れるように嘴を地面に平行にすることはできません。そこで、嘴を下側にくの字に曲げることによって、上下逆さまで、つまり上嘴《じょうし》を下にして餌を捕っているのです。

採食中のモモイロペリカン

虫を捕る嘴、干潟の鳥の嘴

ツバメやヨタカ、アマツバメ類など飛びながら昆虫を捕えて食べる種類は、長さはごく短い代わりに、幅の広い嘴をしています。嘴の基部の幅は頭の幅とほとんど同じほどもあり、さらに口の両脇にある剛毛状のヒゲ（特殊な羽）とともに口を上下に広げて飛ぶと、頃合いの捕虫網になるわけです。

シギ・チドリ類の嘴は種類によってとても変化に富んでいます。シギ・チドリ類は長い距離を移動する渡り鳥の代表で、主に干潟で群れをつくって餌を捕っています。たくさんの種類が同じ場所で餌を探すのですから、種ごとに得意な餌の捕り方、餌の種類を持っていないと生き残っていけないことになります。そのため、特にシギ類ではさまざまな嘴の形が現れ、それぞれの種が違った方法で餌を捕まえています。最も体が大きく、湾曲した長い嘴を持ったダイシャクシギやホウロクシギは、深い巣穴に潜んでいる大きめのカニを引っ張り出して食べています。少し小型で上に反った長い嘴のソリハシシギは、他のシギよりも柔らかく繊細な嘴を使って、浅い穴にいるゴカイや小型のカニを捕えます。最も小型のトウネンは、比較的短い嘴でミシン針のように素早く地面をつつきながら、ごく小さな餌を食べています。

嘴が湾曲したダイシャクシギ（写真＝石川勉）

庭や公園の餌台や実のなる木のあるところなどでは、小鳥を近くで観察することができます。身近な小鳥も、それぞれが独自の違った嘴を使って上手に餌を食べ分けています。餌の種類や食べ方の違いを見るのも楽しいかもしれません。

（百瀬邦和）

鳥は尿をしないのか？

魚はアンモニアをそのまま、ヒトは尿素を排出する

鳥の尿というものを見た人はいません。鳥は小便をしないのです。たいへん不思議なことですね。本当は小便をしないというのは正確ではなく、ヒトがするのとは違う形で排尿するのです。

尿とは、体外に排出する余分な水分に血中の老廃物が含まれたものです。老廃物といってもいろいろありますが、重要なものはタンパク質を分解したものです。タンパク質は生物中でその体を構成したり、必要な化学反応を進めたりする重要な物質ですが、不要になったタンパク質を体内で分解するとアンモニアを生じます。アンモニアは有毒なので、早く体外へ排出しなければなりません。

魚の場合は、アンモニアをそのまま排出してしまいます。しかし、陸上の生物はそう簡単にはいきません。なぜなら、陸上では水分の確保が難しいので、どんどん

糞をするコチドリ。白い糞は尿酸塩

排尿して水分を失うわけにはいかないからです。そこでヒトを含む哺乳類は、体内でアンモニアを無毒な尿素という物質につくり換えます。したがって、ヒトの尿中の主要な老廃物は尿素ということになります。尿素は無毒なのでしばらく体内においてから排出することができます。両生類は、幼生であるオタマジャクシの間はアンモニアを排出しますが、成体になって陸上生活を始めると尿素を排出するようになります。

鳥は水に溶けない尿酸塩を排出する

では、鳥はどうなっているのか。鳥の場合、尿を出さない代わり、水を飲むということもあまりしません。水をたくさん飲むと体が重くなり、飛ぶのに不利になるからです。鳥は哺乳類よりももっと水分の節約ができるのです。穀物を食べる鳥（ハト類、オウム類、サケイ類、ヒワ類）を除けばほとんど水を飲まず、食物中の水分だけで生きていけます（穀物中には水分が少ないので）。

しかし、このように水分摂取を制限するなら、当然のことながら排出する水分も制限しなければなりません。そこで、鳥は血中のアンモニアを尿酸塩などの水に溶けにくい物質に変えるのです。尿素は水に溶けますが、尿酸塩などは水に溶けないので、血中から押し出されてかたまりで尿管を降りていきます。鳥は膀胱《ぼうこう》というものがなく、尿管は排泄腔《はいせつこう》につながっています（生殖管も排泄腔とつながっており、これを総排泄腔と呼ぶ）。したがって排便の時に、糞と一緒に尿酸塩も排出されるのです。

鳥の糞をよく見ると、黒い部分と白い部分があります。白い部分は実は尿酸塩のかたまりなのです。この白い部分に含まれる水分は全体の50％しかなく、哺乳類が同じ量の不要な老廃物（窒素化合物）を排出するには、20倍の水分を必要とします。

尿酸塩をつくることは、固い殻に覆われた卵を産むことにも関係します。受精卵が卵の中で成長するときには、いろいろな物質が合成されるのと同時にタンパク質の分解も生じます。この分解で生じたアンモニアを尿素に変えれば、閉じた卵の中で尿素濃度が上がる一方です。尿素は無毒ですが、血中にたくさん蓄積されると血液の化学的なバランス（浸透圧のバランス）が悪くなります。そこで尿素ではなく尿酸塩をつくることにして、血中に溶け出さないようにしているのです。

（浅井芝樹）

翼と飛行——鳥はどうして飛べるのか

スプーンで実感できる揚力

鳥が空を飛べるのは飛行機と同じ理屈で、翼が揚力を発生するからです。揚力について解説書に書いてある説明はこうです。「翼の正面に当たった空気が翼の上と下に分かれて後ろに流れる。そのとき、翼の上を流れる空気の方がスピードが速くなる。すると、『流体の速度が増加すると圧力が下がる』というベルヌーイの定理によって、翼の上側の圧力が下側の圧力より低くなる。そのため、翼は下から上に押し上げられる」というのです。

この説明はなかなか直観的に理解しづらいですが、難しい物理学の説明を離れて揚力の存在を実感できる方法としては、スプーンを使った実験があります（72ページ写真参照）。スプーンの柄の端を指でつまんでぶらぶらと自由に動くようにぶら下げます。そしてスプーンの背を水道の蛇口から流れる水に近づけるのです。流れ落ちる水にスプーンの背が接すると、スプーンが背中側、言い換えれば水流と垂直方向にぐっと引かれるのがよくわかります。翼もこのスプーンと基本的に同様で、進行方向と垂直に翼の上面の方向に引かれるのです。空を飛ぶとき、意識して空気を下に押さなくても、空気の中を前に動いていくだけで上に押し上げられる、これが翼の巧妙なしくみといえます。

実際には、翼が前進することで空気は下に押し下げられ、その反作用で翼が上に持ち上げられているのですが、それがわかりづらいところが翼のしくみの巧妙なところであり、また揚力の理解が難しい原因となっています。

鳥はプロペラ機に似ている

このスプーンと翼が違うのは、スプーンでは自分は止まっていて水が上から下に動いているのに対し、翼では空気が止まっていて自分が前進している必要があることです。翼が揚力を得るためには、前進するための推進力が別に必要です。飛行機では、ジェットエンジンやプロペラによって前向きの推進力を得て、翼で上向きの揚力を得るという分業が行われています。

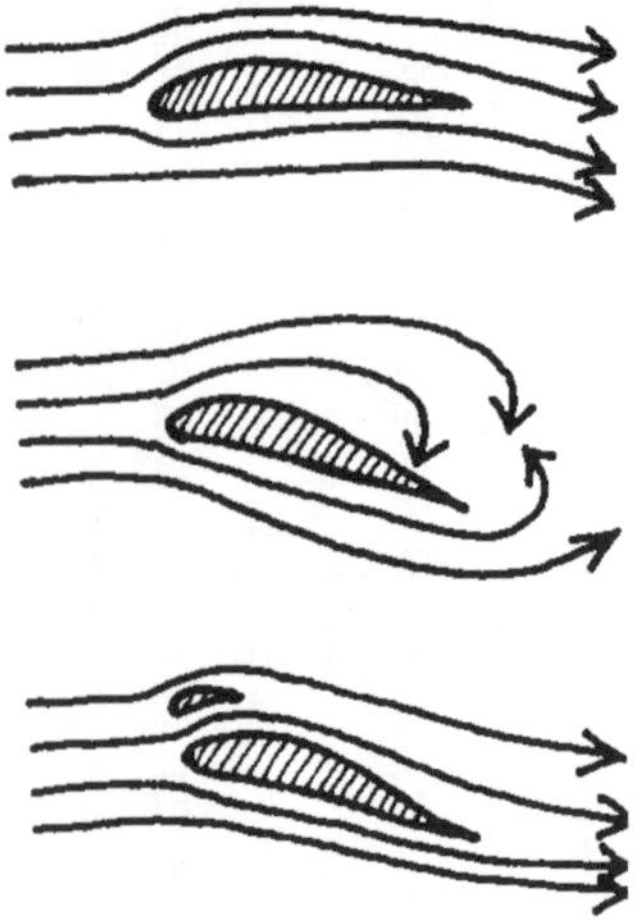

上／迎え角小：ベルヌーイの定理により揚力が発生する
中／迎え角大：翼の上面から空気が剥がれて失速する
下／迎え角大：スラットを開くことにより、空気が翼に沿って流れ、失速が防がれ揚力が発生する

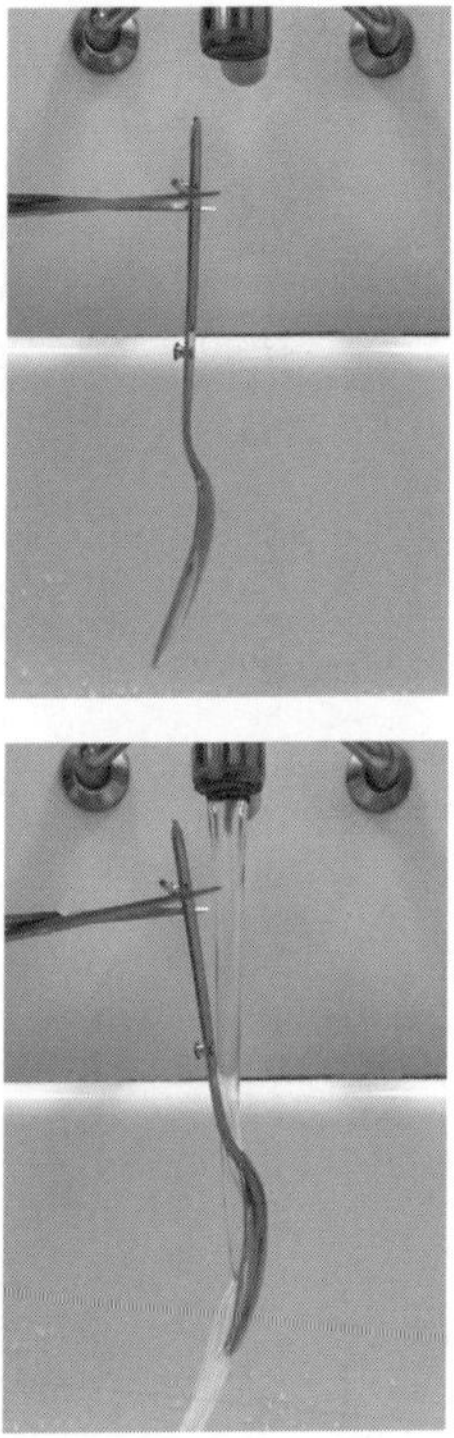

（右）水道の水に引き寄せられるスプーン

鳥にはぐるぐる回るプロペラは付いていませんが、翼の半分より先の初列風《しょれつかざ》切《きり》という羽がプロペラと同じ働きをして推進力を得ていると考えられます。ちょうどプロペラのブレードが飛行機の進行方向に垂直な面の中を運動して、後

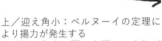

ろ向きに風を送って前向きの推進力を得るのと同様に、初列風切は上から下に打ちおろされて前向きの推進力を得るのです。翼の半分より体寄りの次列風切は、翼のはばたきに際しても上下動が少なく、むしろ飛行機の固定した翼と同じく、揚力の発生を主に受け持っていると考えられます。

低速でも揚力を保つ小翼羽《しょうよくう》

揚力は速度の2乗に比例するので、低速では揚力が極端に落ちます。揚力が落ちるのを防ぐために、低速のときは抑え角、つまり翼と進行方向とのなす角度を大きくして翼を立てるようにするのですが、これには限界があって、あまり抑え角を大きくすると翼の上面を流れる空気が翼から剝《は》がれて渦《うず》ができ、失速してしまいます。飛行機の翼ではこの失速を防ぐためにスラットというものを付けて空気が剝がれずに翼の上をスムーズに流れるようにしています。鳥でこのスラットの役目をするのが小翼羽《しょうよくう》という翼の前縁中央付近に付いた小さな羽で、着地寸前で速度を落とした鳥の写真を見ると、体を立てて迎え角を大きく取りながら、普段は伏せている小翼羽を開いているのがわかることがあります。

（平岡　考）

羽毛のダウンとフェザーはどう違う？

板状の真羽《しんう》とふわふわの綿羽

寒い冬の外出に手放せないダウンジャケットには鳥の羽毛が使われていることは皆さんご存じでしょう。そのダウンジャケットの裏側にある品質表示の小さなタグを見ると、「ダウン80％、フェザー20％」などと書いてありますが、ダウンやフェザーなどの羽毛の種類がどういうものかはご存じでしょうか？

フェザーは日本語では真羽《しんう》といい、鳥の羽といって多くの人が思い浮かべるものです。たとえば、共同募金の赤い羽根がそうですが、中央に一本の羽軸《うじく》があり、左右の羽弁によって羽毛は一枚の板のような形状になっています。鳥の翼の主要な羽毛である風切《かざきり》や、尾羽、そして体の表面を広く覆う羽毛は真羽です。これに対し、ダウンは日本語では綿羽《めんう》といいますが、漢字を見ればわかるように、綿のような柔らかいふわふわした羽毛で、板状はしておらず、主に真羽の下に生えています。

乱れてもすぐに元に戻る真羽の精緻な微細構造

真羽の構造は、赤い羽根をさわったことがある方はおわかりのように、羽軸からたくさんの羽枝《うし》という枝が斜めに枝分かれしており、それが互いにくっつきあって板状の羽弁をなしています。この板状の構造は、乱れて裂けても、境目をくっつけて指で押さえるとすっかり元の板状に戻るという不思議な性質を持っています。そのしくみを電子顕微鏡で見てみたのが上の写真です。

羽枝からはもう一度両側に、つまり羽毛の先に向いてと元に向いて、小羽枝

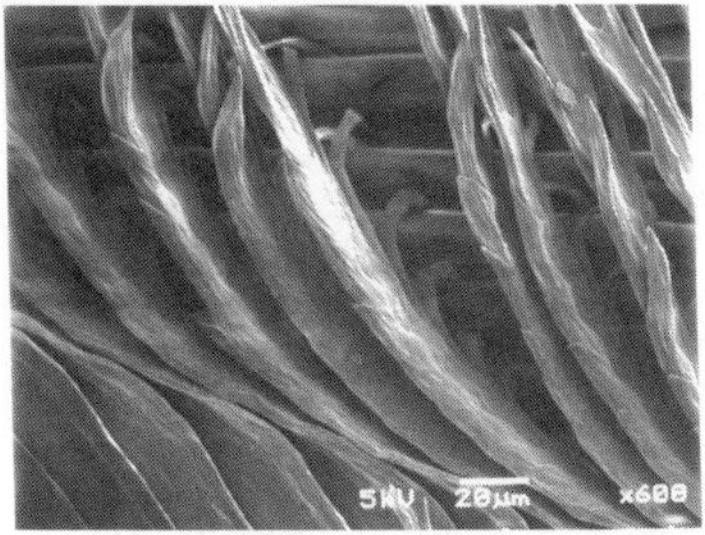

コハクチョウの真羽の構造（初列風切）（写真＝木下修一、吉岡伸也）

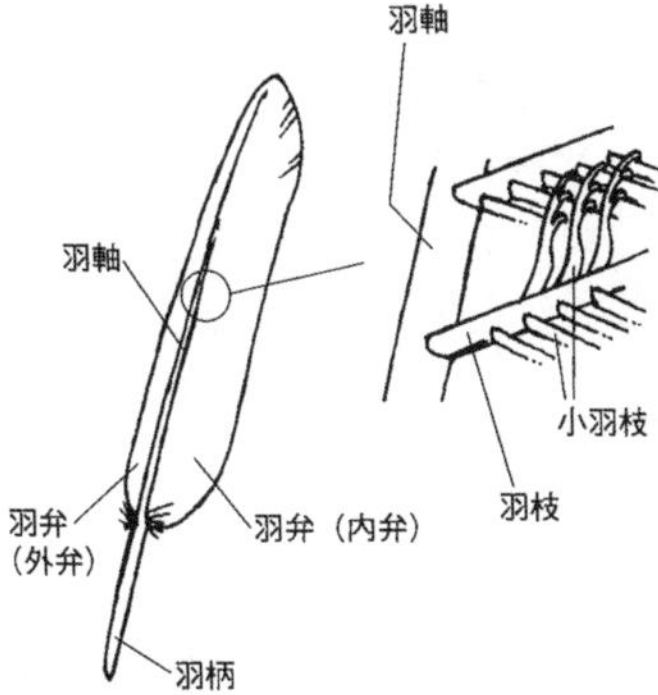

真羽の名称と構造

という枝分かれがあり、小羽枝のうち、羽毛の先に向いて生えているものには小鈎《こう》というフックがあります。このフックが、隣の羽枝から羽毛の元に向かって生えている小羽枝にひっかかっているのが写真で見えると思います。羽弁が板状をしているのは、隣同士の羽枝が順々に小羽枝のフックでつながりあっているからです。羽弁を裂くとこのフックが外れ、境目をくっつけて指で押さえるとまたフックがひっかかって元通りの板状に戻るという巧妙なしくみになっています。

この構造のせいもあって、真羽は固くてコシがあり、風切のような飛行に関連する部分と体の表面を覆う部分に使われています。そのためダウンジャケットなどの中綿としては、入っている比率があまり高いと、固くごそごそして好ましくないのです。

綿羽の役割は断熱と防水

綿羽すなわちダウンは羽軸がないか短く、羽柄《うへい》という付け根からいきなり羽枝が出ています。電子顕微鏡写真で見てみると、羽枝から分かれた小羽枝には小鈎といぅフックがなく、のっぺらぼうなのがよくわかります。羽枝が互いにひっかかって

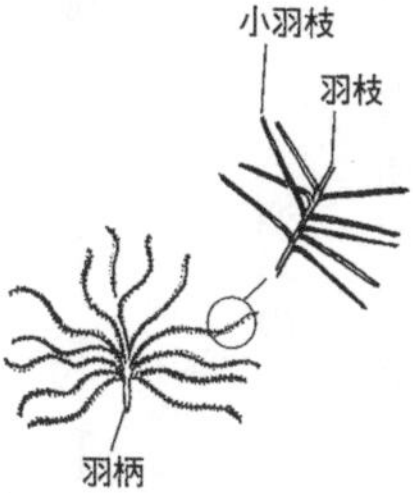

綿羽の名称と構造

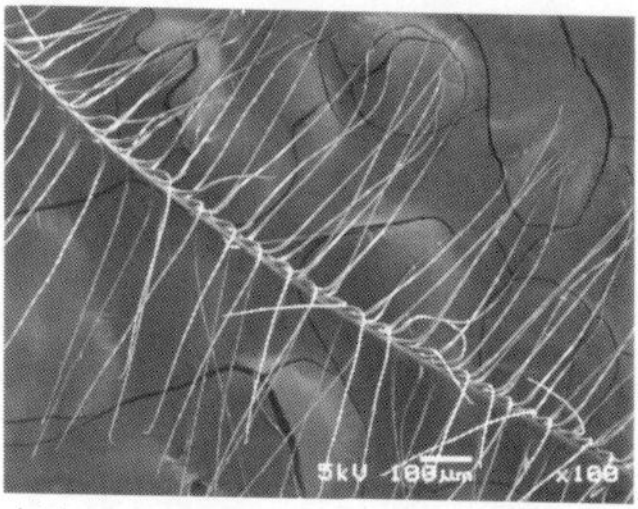

（右）コハクチョウの綿羽の構造（写真＝木下修一、吉岡伸也）

板状になることはないのが理解できると思います。水鳥ではこの柔らかな綿羽が真羽の下に密に生えていて、断熱と防水に大きく役立っています。

この天然の断熱材を人間が借用したのが、ダウンジャケットであり羽毛布団で、こういった製品の中綿には綿羽が主に使われます。

鳥の羽毛にはほかにも、綿羽と真羽の中間的な特徴を持つ半綿羽や、やや特殊な剛毛羽、糸状羽、粉綿羽《ふんめんう》などの種類があります。

（平岡　考）

大事な羽毛はどうやって手入れする？

羽毛のメンテナンスは鳥の一大関心事

鳥の羽毛は、飛行のために不可欠なのはもちろんですが、体を覆う羽毛はふわふわとした状態を保つことにより保温の役目をはたします。また、水鳥が泳ぐときに、もし羽毛が水をはじかずに水を含んでしまうようだと、ずぶ濡れになって沈んでしまいます。陸の鳥でも、雨で濡れないために羽毛が水をはじく必要があります。羽毛がそういった目的に沿うような構造になっているのは事実ですが、鳥は羽毛の構造だけをあてにしているのではなく、絶え間なく手入れをして、羽毛の性能を保っているのです。

羽毛がふわふわしているためには汚れを取ることが不可欠です。そこで多くの鳥が水浴びをします。陸にすむ鳥ばかりではなく、カモメの仲間やカモの仲間などのような水鳥も、わざわざ頭をざぶざぶ水につけ、翼も水でばしゃばしゃと濯ぐようにして、陸の鳥と同じように水浴びをします。

キジの仲間や乾燥地帯に住む鳥は、水浴びの代わりに乾燥した土でいわゆる砂浴びをします。土を浴びたらかえって汚くなりそうですが、べたべたした汚れなどは乾燥した土を浴びることで取り除くことができ、ふわふわの性質が戻るのでしょう。スズメなどいくつかの鳥は、水浴びも砂浴びもします。日光浴も大切な体の手入れです。雨降りが続いた後の晴れた日に、キジバトがテレビアンテナの上などで翼を広げて日光浴しているのを見たことがないでしょうか。ちょうど私たちが布団を干すのと同じようなものだろうと思うと微笑ましいものです。

オリジナルの整髪料やパウダーでお手入れ

人間が髪を洗った後整髪料をつけるように、鳥も羽毛の手入れに専用の物質を使います。多くの鳥は、尾の付け根の背中側に尾脂腺《びしせん》という分泌腺を持っていて、羽繕《はづくろ》いのときにここから分泌された物質を嘴《くちばし》や頭部になすりつけて、そこから体中の羽毛に塗り広げます。脂肪酸、脂肪、蝋《ろう》を含んでいるこの分泌物の機能には複数の説があります。古典的な説は、羽毛に撥水性を与えるというものですが、別の説によると撥水性は基本的に羽毛の構造そのものによって得られるもので、この分泌物は皮膚をしなやかに保ち、羽毛の摩耗を遅らせるのに役立つとされています。後者の説によると、尾脂腺の分泌物の羽毛の撥水性への寄与は間接的なものにとどまることになります。さらにこの分泌物は、羽毛に好ましくないカビや細菌が増殖するのを防ぐ機能があると考える研究者もいます。

鳥が尾脂腺の分泌物で羽を手入れするのはよく知られていますが、その代わりに粉で羽を手入れする鳥がいるのを知っている人はあまり多くないかもしれません。サギの仲間、ハトの仲間、フクロウの仲間などでは、尾脂腺の発達が悪い代わりに、粉綿羽《ふんめんう》という短い羽毛が体に生えていて、その粉綿羽がぼろぼろと崩れて細かい粉になります。粉綿羽が崩れてできる粉は、羽繕いなどによって羽毛にまぶされ、撥水性を与え羽毛を保護すると考えられています。サギの仲間では、粉綿羽がまとまって生えている粉綿羽区という場所が体の表面に何カ所かありますが、ハトやフクロウの仲間ではそういう特別な場所はなく、粉綿羽は体全体に広く生えています。

（平岡　考）

羽の取り替えは鳥たちの一大イベント

羽毛は取り替えなくていいの？

バードウォッチングで野鳥を観察していると、羽毛は一見、いつもさっぱりと整って見えます。人間の衣服のように穴があいたりほころびたりという場面に出会わないような気がしますが、羽毛は取り替えなくてよいのでしょうか。

実は鳥の羽毛は一年経つとぼろぼろになるものです。そのため、換羽《かんう》といって、どんな鳥でも定期的に古い羽毛を捨て、新しい羽毛に生え替わらせます。換羽のタイミングは鳥の種類でだいたい決まっていて、多くの鳥の仲間では、主に秋またはは春、またはその両方に、体の全部または一部を換羽して、一年を通してみると体のどの部分の羽毛も最低1回は生え替わるのです（ただしワシなど大型の鳥の仲間では、換羽のサイクルが1年を超えるものもあります）。

少しずつ時間をかけて行う換羽

換羽の時期には新しい羽毛をつくる栄養が余分に必要な上、古い羽毛が抜けて体の保温機能が低下したり、飛翔力が落ちたりするため、鳥にとっては命にかかわる大イベントです。ことに飛翔に不可欠な翼の羽、つまり風切羽《かざきりばね》が抜け落ちて足りない時期をどうやって乗り切るかは、空を飛ぶことで生活している鳥たちにとっては大問題です。

風切羽の換羽のやり方で最も多い形は、一度に1〜2枚ずつ換羽して、翼全体の換羽は数週間から数カ月かけて完成するものです。風切羽の枚数は種によって異なりますが、少ない種でも片翼に20枚程度です。ある一時を見れば、このうちで抜け落ちている枚数は1〜2枚程度のため、換羽中でもほとんど飛翔能力が落ちることはなく、通常の生活を変化させることなく生きてゆくことが可能になるのです。これはスズメやツバメのようなスズメ目の小鳥類をはじめ、多くの鳥に採用されている方法です。

風切羽を換羽中のシロエリオオハム。両翼とも初列風切のほとんど（A）と次列風切のかなりの部分（B）が抜けているのまったく飛べないだろう（写真＝西巻 実）

一時的に飛べなくなる鳥たち

こういった鳥とは違って、風切羽を一度にごっそりと脱落させて飛べなくなってしまう鳥の仲間もあります。カモ、ハクチョウ、アビなどの水鳥の仲間も、そういった換羽をする鳥たちです。彼らは翼があまり大きくない割に体重が重いため、1〜2枚でも翼の羽が抜けると飛翔能力が低下すると考えられます。このため、逆に風切羽を一度に脱落させ、いさぎよく一時的に飛べなくなってしまう代わりに、一気に生え替わらせることで翼全体の換羽の所要時間を短くし、飛べない時間を短くしているのです。

専念します。

これらの水鳥たちは、飛べない換羽中は餌のある安全な水域に避難して、換羽に専念します。写真を示したシロエリオオハムは潜水して魚を食べる水鳥のアビの仲間で、風切羽がほとんどすっかり脱落しているのがわかります。このような状態ではまったく飛べないでしょう。彼らのような水鳥は一時的に飛べなくてもそれが死に直結するわけではないので、こういう換羽方法が可能なのです。

風切羽を一度に抜け替わらせる換羽方法をとる仲間は、アビのような遊泳性の水鳥のほかに、フラミンゴやクイナの仲間のような水辺を歩いて暮らす仲間にも見られます。

（平岡　考）

鳥の年齢って見てわかるの？

その年生まれの鳥がわかる方法

鳥の年齢を知ることはできるのでしょうか。結論から言ってしまえば、外見ではわかりません。ただ多くの小鳥類では羽の新旧を見分けることによって、その年生まれなのか、それとも1歳以上なのかはわかります。

小鳥類の成鳥は、繁殖期の前と後に古い羽を落として新しい羽に換羽《かんう》します。繁殖期後の換羽は全身の羽を新しくする（全身完全換羽）のに対し、繁殖期前は翼や尾を除く一部分だけの換羽（部分換羽）によって夏羽になるものが多いようです。

一方、幼鳥の方は、生まれた年の秋に全身完全換羽をするものと部分換羽をするものとがあります。

さて、年齢を知るためのポイントは、幼鳥の秋の換羽方法にあります。ヒヨドリやウグイス、メジロやスズメなどのように、生まれた年の秋に成鳥と同様に全身完

アトリの翼。上が雄幼鳥で下が雄成鳥

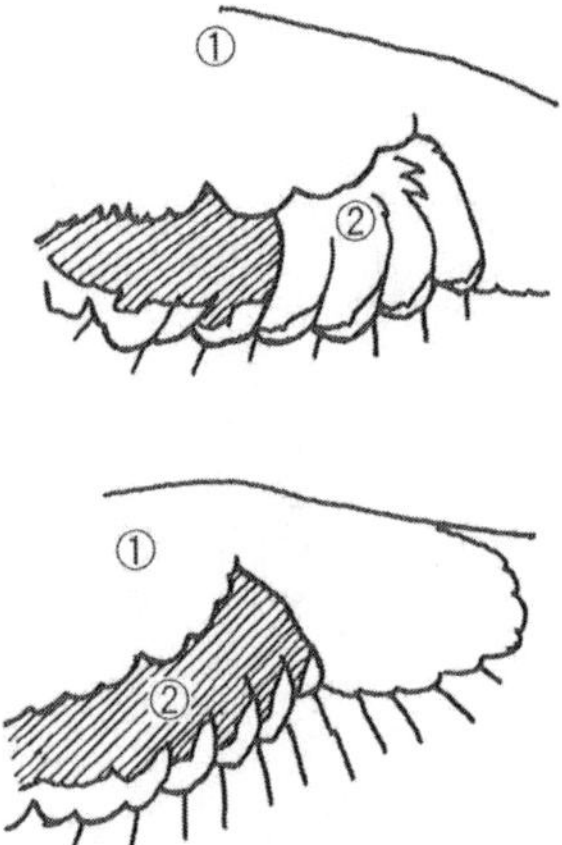

①小雨覆　②大雨覆

全換羽を行う種では、換羽の後、成鳥と区別ができなくなります。しかし、このとき成鳥と異なり部分換羽をする多くの種では、羽色に違いが生じることになります。つまり翼や尾は換羽しないために、幼鳥時の羽（幼羽）が残っているので、この羽があればその年生まれの幼鳥ということがわかります。具体的には、幼羽は形が尖っていたり、光沢がなかったり、縁に斑《はん》紋《もん》があったりといろいろですが、成鳥羽と比べることで確認できます。

上の写真は日本には冬鳥として

渡来するアトリの翼ですが、上は幼鳥・下が成鳥です。「小雨覆《しょうあまおおい》」という部分はオレンジ色をしていますが、成鳥は色が鮮やかで一様なのに対し、幼鳥の方は縁の方の羽に青みがかった黒っぽい羽が見えます。またその下の「大雨覆《おおあまおおい》」という部分の羽は、成鳥はすべて光沢のある青みがかった黒っぽい羽であるのに対し、幼鳥の方は外側の数枚が光沢のない異なった色をしています。これが幼羽です。

もう一つの見分け方「頭骨の骨化」

あまり一般的ではありませんが、小鳥類を手に取って頭部の皮膚ごしに頭骨を見ると、その骨化の状態でもその年生まれかどうかがわかります。

鳥類は空を飛ぶために独特の進化を遂げましたが、その一つとして身体を軽くするために骨を中空にしました。といっても中がカラッポだとすぐに折れてしまいますので、スポンジのように細かい柱がたくさん立っています。頭骨の天井の部分は、薄い二層の骨がこのたくさんの柱でつながった構造をしているのです。そのため、頭骨を透かして見ると、小さな粒状のものを見ることができます。しかし生まればかりのヒナでは骨化は始まっておらず、一層の構造で一様の色をしています。種によって違いはありますが、その後周辺部から骨化が始まり、通常4～8カ月かかって完全に骨化します。そのため、秋から冬にかけて、頭の皮膚を透かして頭骨を見たときに全体が白っぽく骨化している個体は成鳥、白っぽく骨化した部分と骨化していないピンク色っぽい部分がありその境界がはっきりしている個体はその年生まれの幼鳥ということになります。

野外で鳥の頭の骨を見るなんてことは不可能ですが、羽に幼羽が残っているかどうかは、もしかしたらわかるかもしれません。一度チャレンジしてみて下さい。

（馬場孝雄）

水鳥が氷の上で立っていられるのはなぜか

体温を保つのに重要な羽毛

鳥の体が羽毛に覆われているのは、主に体温を維持するためです。鳥類は哺乳類同様、恒温動物であり、外気温にかかわらず体温を一定に保っています。鳥類の体温は哺乳類より高く、だいたい40度前後に保たれています。これにより、高緯度地方のような寒い地域にも生息地を広げることができるようになりました。また、とっさに飛行という運動をするには、体が温かい状態を保っておかなければなりません。寒い日に車をスタートさせるにはあらかじめ暖機しておかなければならないのと同じです。羽毛の重なりはその間に空気の層をつくって外気温を遮断できるので、体から熱が放出していくのを防ぐ効果があります。羽毛を持って恒温動物として生きていることは、やはり飛行する動物であることと密接にかかわっているのです。

それでは、羽毛のない脚の部分はどうなるのでしょう。脚は羽毛でガードされて

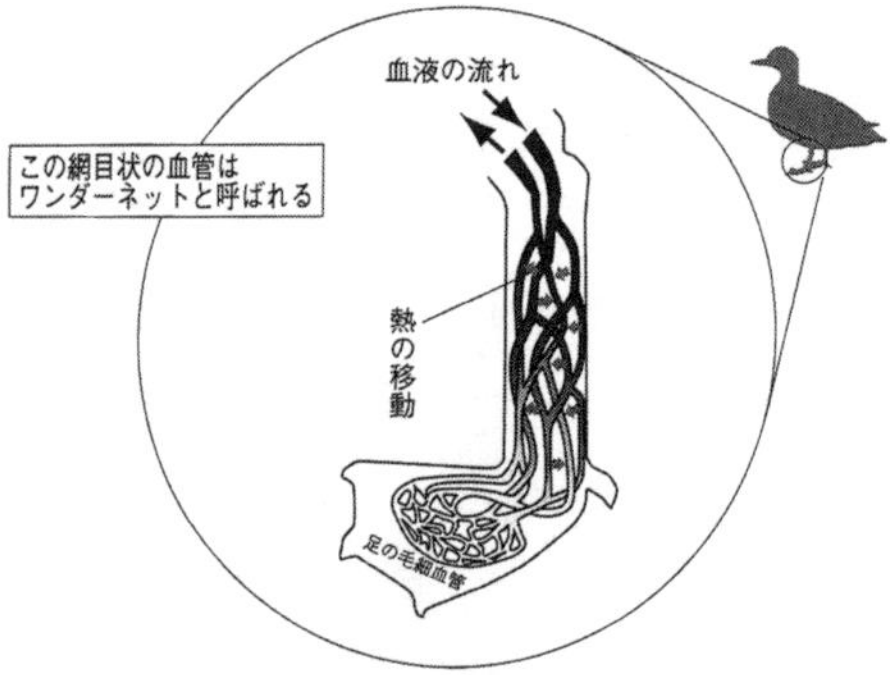

いないので、外の温度に影響を受けやすいはずです。多くの水鳥はその脚を水中につけたまま寝たりするわけですが、そのために体温が奪われたりしないのでしょうか。

羽毛がなくても体温を保てるしくみ

水鳥でも陸の鳥でも、脛骨のあたりに、毛細血管の密度が高く、網目状になった部分があります。ここでは体の中心から伸びてきた動脈と、足先から伸びてきた静脈が交差しています。このシステムを血液が通る間に、動脈血の熱が静脈血へ移動します。この熱の移動は、動脈血が足先へ移動し、静脈血が体の中心へ戻る間に起こるので、動脈血は末端へ届く前に冷やされて足先の血液の温度は数度で維持され、ほとんど熱の浪費がありません。逆に、足先から体へ戻る血液は温かい状態で戻っていくのです。

足を折り曲げて体の下にたたんでしまう方法や、首を曲げて嘴《くちばし》を羽の中に入れてしまう方法は、さらに体温維持の効果があります。逆に暑いときには、脚の動脈を拡張し、毛細血管の網から血液を迂回させることができ、この方法で血液を脚に素早く移行し、余分な熱を放出させることができます。

脚の途中にある毛細血管の網目状構造が、羽毛のない脚をむき出しにしていても効率よく体温を維持できる理由だったのです。

（浅井芝樹）

色も形もさまざまな鳥の卵

転がっても落ちない形の工夫

不思議なことに、鳥の卵というのはたとえそれが藁《わら》の巣の中に毎朝産み落とされる見慣れたニワトリのものであっても、それを見つけたときは、何かとても大切なものを発見したようなドキドキした感じを覚えます。この鳥の卵の色や形は実にさまざまで、鳥好きの人たちにとっては魅力の一つになっています。かつてイギリスでは野鳥の卵の収集が流行して、野鳥保護上の重大問題に発展したこともあります。

卵の形はおおむね、いわゆる卵形が一般的で、最もなじみのあるニワトリのものがその代表です。一方の端がいくぶん細く尖っていて鋭端と呼ばれ、反対側の丸っこい方を鈍端と呼びます。チドリの仲間では、鋭端がはっきり細くなっていて、巣の中でそこを中心に3〜4個の卵がきれいに放射状に並べられているのが見られることがあります。

逆にフクロウ類の卵は比較的球形に近く、鋭端と鈍端の区別がはっきりしません。カイツブリの卵はラグビーボールのように両端がほぼ同程度に細くなっています。

形の上でもっとも変わっているのはウミガラスでしょう。全体が細長く、鋭端部は特に細くなっています。ウミガラスは巣をつくらず、崖の狭い平面に直接産卵して抱卵するため、卵が転がり落ちてしまわないための適応と考えられています。実際に机の上で転がしてみると、直径30センチメートルほどの円を描いて戻り、床に落ちることはありません。

左からフクロウ、ウミガラス、カワセミ、コチドリの卵（縮尺は不同）

地色も模様もバラエティ豊か

卵の形が卵形を基本としているのに比べ、卵の色はかなり変化に富んでいます。ニワトリのような白い卵は野生の鳥ではそれほど一般的ではありませんが、ミズナギドリやウミツバメ類、カワセミ類、キツツキ類などの仲間のように、木の洞や土のトンネルの中などの暗いところに産卵する種は、白色あるいは明るく目立つ色の卵を産みます。外敵からは比較的安全なため、暗所でも卵が見えやすくするための適応と考えられます。

一方地上に巣をつくるヒバリやシギ・チドリ類の卵は、地味な地色に斑点や線が入り、よくできた迷彩模様になっています。モズやツグミなどのように樹上に皿形の巣をつくって卵を産む多くの鳥の卵も迷彩模様をしています。少しでも卵を目立たせないようにして、カラスや哺乳類などの外敵に見つからないようにするためと考えられます。

形もユニークなウミガラスの卵は、地色、模様とも一つずつが違っていて、隣り合った卵の区別が容易にできるようになっています。

最も変わった色の卵は、シギダチョウ類のものかもしれません。釉薬《うわぐすり》を塗った陶磁器のような光沢があり、深い緑色やピンクがかった色をしていてとても美しく魅力的です。本種は地上の巣に卵を産むのですが、この独特な特徴を持つ理由については、上手な説明はされていません。

(百瀬邦和)

ヒナはどうやって卵から出てくる？

ヒナが持っている穴開け道具

親鳥が夜も昼も休まず温めた卵からヒナが孵化する瞬間は感動的なものですが、養鶏などをしていない限り、なかなか実際に観察するチャンスはないかもしれません。

卵の中のヒナがどんなふうに殻に穴を開けるかご存じでしょうか。実は、ヒナは専用の穴開けの道具を持っているのです。それは卵歯《らんし》と呼ばれる上嘴《じょうし》の先端にできる突起で、卵の中で孵化の時期を迎える頃発達します。同時に後頭部には頭を動かすための特別な筋肉が発達し、ヒナは卵の中で体を折り畳んだ姿勢のまま、この筋肉で頭部を動かして卵歯で卵殻に内側から穴を開けるのです。卵歯は孵化後数週間のうちには徐々に吸収されたり脱落したりしてなくなってしまいますし、後頭部の筋肉も成長につれて小さくなってしまいます。

トキの人工孵化で有名になった「嘴打《はしう》ち」

さて、種類によっても違いますが、卵の中のヒナは孵化の1日ほど前には最初の穴を卵殻に開けます。これが「嘴打《はしう》ち」といわれるもので、孵化が間近なことの目安になります。1999年に佐渡トキ保護センターでトキの人工孵化が成功した際に、新聞でもこの言葉が使われたので、覚えておいでの方もいらっしゃるでしょう。従来は国語辞典にもあまり載っていない言葉でしたが、トキの報道を機に掲載した辞典もあったようです。

卵の中のヒナは、卵の長軸を軸にして体を回しながら、卵の鈍端（尖っていない方の端）寄りに順々に穴を開けていくので、最後には鈍端を一周するように卵殻に穴が開き、うつわの蓋のように鈍端が丸くはずれて中からヒナが出てくるのです。

「啐啄同時《そったくどうじ》」

国語辞典には「啐啄同時《そったくどうじ》」という言葉があり、「啐《そつ》」は孵化しようとしているヒナが内側から殻をつつくこと、「啄《たく》」は親鳥が外側からつつくことを意味することから、禅で、弟子がまさに悟りを開こうとしているときに師がすかさず適切なアドバイスをして導く、その呼吸の合ったタイミングをいうそうです。ですが、このような親鳥の行動は人間の想像したことで、実際の鳥では一般には親鳥が卵殻を外から割って助けることはありません。

ヒナが卵から孵《かえ》ると、親鳥は卵殻を嘴《くちばし》にくわえて遠くに捨てに行きます。これは、内側が白くて目立つ卵殻を巣内に放置しておくと、捕食者を誘き寄せてしまうためといわれています。逆に、キジの仲間のようにヒナが孵化してすぐに親について歩ける鳥では卵殻はそのままに放置され、親鳥は短時間のうちにヒナを連れて巣から離れていきます。こうして、鳥の波乱に満ちた一生は幕を開けます。

（平岡　考）

ヨシゴイの孵化。卵の鈍端が蓋のように開いてヒナが出てくる

孵化後間もないヨシゴイのヒナの卵歯（矢印）

ニワトリのヒナとスズメのヒナはどう違う?

生まれたその日に走り出すニワトリのヒナ

今ではあまり見かけなくなってしまいましたが、農家の庭先で見かけるニワトリ親子の様子は実にかわいらしいものです。ヒナはふわふわした綿羽に覆われ、まだ小さいながら一応ニワトリの姿をして、親鳥の後をついてしっかりした足取りで歩き回っています。

このヒナは卵から孵《かえ》ったときにはすでに体が羽で覆われ、目も開き、羽が乾く頃には自分で立って歩き始めます。そして、おなかが減ると自分で餌をつつき、寒くなれば暖かい場所すなわち親の羽の中に潜り込むのも自分でできます。つまり、生きるための基本的な運動能力は孵化した時点で備わっていることになります。歩くための脚は早くから発達し、孵化したその日のうちに走ることもできます。ニワトリに近い仲間のツカツクリの中には、孵化したその日のうちに短い距離を飛ぶことさえできるものもいます。そして、同じ巣で一緒に孵った兄弟姉妹の孵化が終わると、早くも巣を離れます。そして巣を離れた場所で餌をとりねぐらをとるようになります。

このように早くから〝自立〟するヒナは早成性と呼び、地上に巣をつくるキジ、シギ・チドリ、ガン・カモなどの仲間に多く見られます。

捕食者の危険が少なければ晩成性

一方、軒先に巣をつくっているツバメや屋根瓦の隙間に巣づくりをしているスズメなどのヒナは、孵化したときにはまだ赤裸で目も開かず、親鳥とは全く違って見えます。巣の下に落ちているこのようなヒナを見つけたこ

晩成性のオナガのヒナ（左）と早成性のハマシギのヒナ（右）（写真左＝今西貞夫、右＝大倉史雄）

とのある人もいるかもしれません。これらのヒナがまがりなりにも親鳥に似た姿に見えるようになるのは、巣立ちが近くなって飛ぶための羽が生え始めてからです。そんな状態ですから、ヒナは羽が生えそろうまで巣の中にとどまり、餌はすべて親に運んでもらいます。羽が生えるまでは、卵のときと同様に親に温めてもらう必要もあります。

このような〝奥手〟のヒナを晩成性と呼び、こちらは樹上や崖など、地上からの捕食者が近づきにくい場所に巣をつくるカラス、ウグイスなど多くの仲間が含まれます。特に木の洞穴に巣をつくるシジュウカラやキツツキ、崖に穴を掘るカワセミの仲間はこの代表でしょう。

しかし、中にはワシ・タカ・フクロウ類など、あるいはアホウドリ・ミズナギドリ類など、孵化したときすでに立派な綿羽に覆われていながら、巣立ちまでの長い間、親に餌をもらい続けるものもいます。また、カモメ類などは一応早成性の仲間ですが、親と同じ大きさに成長するまで親に餌を運んでもらいます。

このように、早成性のヒナから晩成性のヒナの間にはさまざまな中間段階のものがいるのが実状です。

（百瀬邦和）

第2章　鳥たちの生きる知恵

夜の狩人――フクロウの体のしくみ

わずかな光を捉える特殊な目

夜行性の鳥の代表といえば、皆さんもよくご存じのフクロウです。夜に活動するため、昼間活動する鳥とは違ったさまざまな特徴があります。

多くの鳥では眼は球形をしていますが、フクロウの目は筒状をしています。これにより、わずかな光をできるだけ多く取り込むことができます。また、網膜には色彩を識別するための細胞よりも、明暗を識別するための細胞の方が多くあり、これらの結果、ヒトが見ることのできる光の10分の1～100分の1の弱い光まで見ることができます。

また、ヒト同様に両目が顔の前の方についていて、両眼視できる範囲が広いのも特徴です。これにより、暗闇で獲物を捕まえるのには有利になっています。しかし、眼が前に寄っている分だけ視野が狭くなっているので、その代わりに首が非常に柔軟によく動くようになっていて、頭を上の方にのけぞらしても、左右に回転させても、真後ろに顔をもってくることができるほどです。

フクロウの顔はパラボラアンテナ!?

フクロウの目は暗闇でも見えるように特殊化してはいますが、実際にネズミなどを狩るときには、耳で獲物の動く音を聞きつけ、音だけで場所まで特定して襲うことができます。ヒトの耳は左右対称についていて、音が左右のどちらから聞こえてきたのかは、それぞれの耳に音が達するわずかな時間の差から脳が判断しています。ところが、音源の上下方向の位置については、ヒトの耳ではどちらから来たのか判断するのはたいへん難しいことになります。

フクロウがネズミのいる位置を特定するのも、同じように左右の耳に達する時間の差から判断するのですが、フクロウは普通、木の枝にとまっており、獲物であるネズミは地上を動いています。したがって、見下ろした状態で、つまり音源の上下方向を判断して場所を特定できなければなりません。この問題に対して、フクロウ類の右耳は左耳よりも高い位置にあり、左右の耳の位置が上下方向でずれているので、上下方向の音のずれがわかるようになっています。そして、顔を縁取るようなフクロウ独特の羽は、音が耳の方へ集まるパラボラアンテナのような役割を果たします（276ページ写真、図参照）。

さらにフクロウは、獲物に気取られることなく近づくために、翼の羽が特殊化しています。翼を広げたとき最前縁になる羽の縁は、先が細かく櫛《くし》状に分かれていて、羽ばたきの音を吸収します。また、風切羽のうち手のひら状に分かれた部分は、その後縁も先が細かく分かれていて羽音を吸収します。さらに、翼の羽の表面に微細な毛が生えていてビロード状になめらかにできているので、羽の擦《こす》れる音がしません。

新幹線の500系の車体は、騒音を押さえるため、パンタグラフの軸部分に小さなギザギザの突起物を取り付けていますが、これはフクロウの翼が音を立てない原理からヒントを得て設計されたのだそうです。

（浅井芝樹）

消音のための特殊な羽を持つフクロウの翼

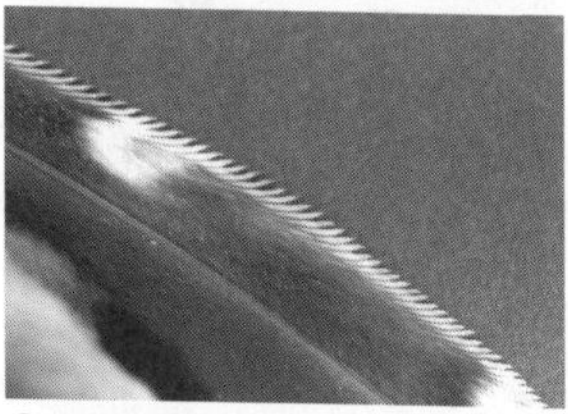

①初列風切の最前縁のギザギザ部分。羽ばたきの音を吸収する

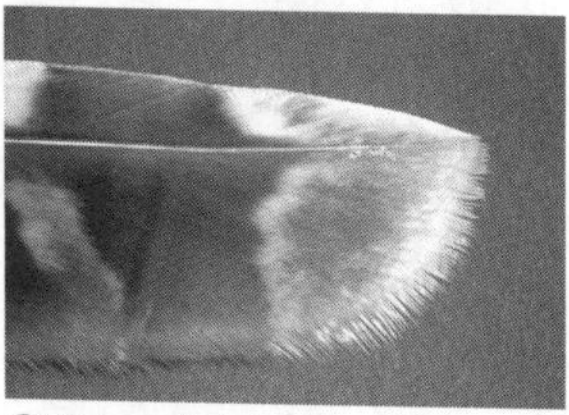

②細かく分かれた初列風切りの後縁部分。羽音を吸収する

フクロウの羽を参考に作られた新幹線500系のパンタグラフ。側面の突起が騒音を減らす効果がある

嗅覚が発達した夜行性のキーウィの生態

目は悪くても鼻がいい、嘴《くちばし》の長い鳥

ほとんどの鳥はだいたい昼間活動し、目はよく見えて、視覚に頼って活動しています。夜行性の鳥もいますが、それらもヨタカやフクロウのように目が大きくて視力がよいものがほとんどです。多くの鳥では嗅覚は発達していません。けものの仲間（哺乳類）に夜行性で嗅覚が優れ、どちらかというと視力がよくないものも多いのとは対照的です。

キーウィはニュージーランドにいる夜行性の飛べない鳥ですが、鳥の中にあっては特異で、視力が弱く嗅覚が発達していて、哺乳類のようです。キーウィは5種類おり、アフリカのダチョウやオーストラリアのエミューなどに近い仲間です。大きさはだいたいニワトリくらいで、翼は退化していて長さ4～5センチメートル程度

しかなく、体の羽毛の下に隠れて見えません。尾羽もなくて、体はころりとした洋梨型をしています。目は小さく、ごく近距離しか見えないといわれています。

最も特徴的なのは長い嘴《くちばし》で、鼻孔（鼻の穴）が先端についています。多くの鳥では鼻孔は嘴の付け根の近くにあるので、これは特異です。キーウィはこの長い嘴を腐植土に差し込んで餌を探すのです。餌はミミズ、ヤスデ、昆虫類の成虫や幼虫、クモなど、土壌や落ち葉の中に住む無脊椎動物が中心です。キーウィは嗅覚と触覚を使って、つまり土に差し込んだ嘴の先端で匂いを嗅ぎ、感触を確かめて餌を探します。嘴の付け根には剛毛羽というコシの強い毛が生えていますが、これは夜間に感触を頼りに生活するための道具と考えられています。

嘴の根元にひげ状の剛毛羽が見える。鼻孔は嘴先端の下面にある

餌の入った土の皿を嗅ぎ分ける優れた嗅覚

キーウィの嗅覚の鋭さは実験でも証明されています。触覚や視覚、味覚では区別できないようにネットで覆った皿を選ばせる実験で、土しか入っていない皿と餌

の入っている皿を簡単に区別して餌を手に入れたのです。また脳の形態からも、キーウィの嗅覚が発達していることがわかります。脳の嗅球という嗅覚に関与していると考えられる部分は、一般の鳥類では大きくないのですが、キーウィではミズナギドリ類などと並んで大きいことが知られています。

キーウィは日中は地面の穴の中で眠って過ごします。穴は自分で掘ることもあり、自然の穴を利用することもあります。穴の奥行きは20センチメートルから2メートルほどとさまざまです。穴の入口は繁みの中に隠されていてなかなか見つかりません。日没後しばらくして穴から出てくると、主に繁みの中を歩き回って、落ち葉の下や地中にいる餌を探して活動し、夜明けとともに再び穴に戻るのです。生涯を決まったなわばりの中で過ごし、繁殖も穴の中で行います。

なお、キーウィというと果物のキーウィ・フルーツを思い出すかもしれませんが、キーウィという名前は鳥の方が本家で、果物の方は鳥に似ているために付けられたものです。

（平岡　考）

まだまだ謎の多い不思議な鳥ペンギン

交替で絶食しながらヒナを育てるコウテイペンギン

ペンギンといえば、そのかわいらしさから最も人気のある動物の一つでしょう。ペンギンの仲間は18種類います（研究者によって16～18種とする見解がある）。ペンギンと聞くと南極を連想しますが、純粋に南極大陸で繁殖するものはコウテイペンギンとアデリーペンギンの2種しかいません。それ以外の種は南極海の島々や南アメリカ、南アフリカ、オーストラリア、ニュージーランドで繁殖しています。また、ガラパゴスペンギンは赤道直下のガラパゴス諸島で繁殖します。

コウテイペンギンは最も大きいペンギンで、体重が30キログラムを超え、体高も115センチメートルに達しますが（化石種では81キログラム、162センチメートルもある種が存在した）、冬の南極という地球上でも最も厳しいと思われる環境下で繁殖します。海が凍り始める頃に、50～120キロメートル内陸の氷原で大き

過酷なコウテイペンギンの子育て（写真＝Michel VIARD／iStock

なコロニーをつくり、一卵だけ産みます。巣はつくらず、卵を産むと雌は海へ戻ります。卵を温めるのは雄の役割で、産み落とされた卵を足の上に乗せて足と下腹の間で卵を温めます。卵が孵化するまで64～65日と、2カ月以上もかかります。

海から上がってつがいをつくり、産卵して海に戻った雌が再び陸に来るまで計１１０～１１５日もの間、雄は絶食することになります。雌はちょうど孵化する頃に戻ってきますが、孵化してから雌が戻るまでの数日間、雄はペンギンミルクと呼ばれる食道からの分泌物をヒナに与えます。雌が戻ると、交代して今度は雄が海へ戻ります。次に雄が戻ってくるまで1カ月ほどかかりますが、徐々に雌雄がヒナへ餌を運ぶ間隔が短くなり、ヒナが45日～50日齢の頃から雌雄共に海へ出かけるようになります。

コウテイペンギンはペンギンの中でも変わっている方です。オウサマペンギンはコウテイペンギン同様1卵ですが、その他のペンギンは通常2卵産みますし、小石を積み上げたような巣をつくるか、砂穴や岩穴の中で卵を産みます。そして雌雄ともに抱卵、育雛《いくすう》に関わるのが普通です。しかし、抱卵の担当期間は種によってさまざまです。ジェンツーペンギンは1日交代ですが、アデリーペンギンやマカロニペンギンは10日以上連続して抱卵するので、最初の担当であるアデリーペンギンの雄やマカロニペンギンの雌は、30日以上絶食することになります。

海の生活と寒さへの対策

ご存じのように、ペンギンは海での生活に特殊化し、鳥なのに空を飛べず、その翼は骨が癒合《ゆごう》して1枚のオールのような硬いフリッパーになっています。その翼を使ってコウテイペンギンは時速10キロメートル以上の速さで泳ぐことができます。

南極付近は当然のことながら寒く、水中では熱が奪われやすいので、寒さ対策でも特殊化しています。普通の鳥だと羽毛は特定の場所にしか生えませんが、ペンギンは体表全体から生えています。それぞれの羽毛は非常に硬くて短く、1本1本の根元に細かい綿羽がついていてこれが保温層を形成します。ただ、分厚い脂肪層があり保温効果があります。90ページで紹介した対向流熱交換システムが、足だけでなく、フリッパーと頭部につながる血管にもあります。

このような寒さへの対策があるため、深い冷たい海に潜ることができるのです。オウサマペンギンは平均して水深134メートルまで潜って餌を採ります。コウテイペンギンは200メートルを超える深さまで10分以上（最大18分）潜れます。中型のマカロニペンギンやジェンツーペンギンなども3分以上潜れますが、体内に効率よく酸素を取り込む特別な仕組みがあるうえ、酸素を必要としない代謝メカニズムがあるらしいのです。しかし、その詳しいメカニズムについては解明すべきことがまだ残っています。

ペンギンについてはさまざまな研究がなされてきましたが、彼らは繁殖するために陸へ上がっているとき以外はほとんど外洋で暮らすため、まだまだわからないことがたくさんある謎の鳥なのです。

（浅井芝樹）

食べると口がしびれる毒のある鳥

有毒な皮膚で寄生虫から身を守る？

　虫や魚とは異なり、鳥には毒のあるものはいないと一般に信じられていました。ところが、1990年代の初めにニューギニアで毒を持った鳥が発見され、「世界初の毒鳥」と題して新聞等でも報道されて話題となりました。米科学誌『サイエンス』に載った記事によると、このとき発見された毒鳥はズグロモリモズ、カワリモリモズ、サビイロモリモズの、当時、いずれもヒタキ科モズビタキ亜科に属するとされた3種で、毒性はこの順に強いものでした。組織別では、皮膚が最も毒性が強く、次いで羽毛、筋肉の順です。

　この毒の成分は、アルカロイド（植物塩基）構造を持つホモバトラコトキシンという物質で、神経を麻痺させる作用があります。ホモバトラコトキシンは数十ミリグラムでネズミが死ぬほどの猛毒で、南米コロンビアの3種のヤドクガエル（フキヤガエル）の皮膚の分泌液に含まれる有毒成分と同じものです。ヤドクガエルの分泌物は、原住民が吹き矢に塗る毒として利用していたものです。この3種の毒ガエルの毒の量は、皮膚1ミリグラム当たりでズグロモリモズの1000倍近くあります。毒のある3種の鳥は、毒ガエルとは互いに独立して同じ毒を持つように進化したのです。3種の鳥が毒を持つようになったのは、外部寄生虫の防御や捕食されるのを防ぐためと考えられています。

ヤドクガエルと同じ毒を持つニューギニア島のズグロモリモズ（写真＝feathercollector／iStock）

ほかにもいる毒を持つ鳥たち

ズグロモリモズほかの3種は「世界初の毒鳥」と報道されましたが、実は毒のある鳥の例はほかにもキジ科やハト科の鳥が昔から知られています。すなわち、北アメリカのエリマキライチョウや、ヨーロッパのウズラとエゾライチョウ、オーストラリアのニジハバトとチャノドニジハバト、インド洋モーリシャス島のモーリシャスバトなどです。エリマキライチョウとエゾライチョウでは、この鳥が冬期に食べるカルミアの葉が毒の供給源です。2種のニジハバトは有毒なボックス・ポイズン・プラント（ガストロロビウム・ビローブム）の種子、モーリシャスバトは有毒なサボテンの一種（スティリンギア属）の果実が毒の供給源です。

ニューギニアに生息する鳥に有毒なものがいることは、一部の報道のように1990年に初めて発見されたのではありません。パプアニューギニアの高地の原住民は、昔から、ズグロモリモズの皮には毒があり、食べると苦く口がしびれることを知っていました。

その後の研究で、ニューギニアで毒を持つ鳥は、上記の3種を含め8種いることが判明しています。さらに、ズグロモリモズとカワリモリモズはコウライウグイス科、サビイロモリモズは亜科から科に昇格したモズビタキ科に属することなどが分かって、毒を持つ性質が複数の仲間で獲得されてきたことが判明しました。

世界には毒のある鳥がまだ見つかる可能性があります。それは主に有毒植物が多い熱帯地方であると思われます。

（茂田良光）

高度8000メートル、ヒマラヤを越えるツルの肺

モンゴルからヒマラヤの峰を越えてインドへ

空を飛べる鳥は古来人間のあこがれの的でしたが、それが登るのも困難な山を越えて行くのであればなおさらです。8000メートルを超える山が連なるヒマラヤを越える鳥の群れが人々の注目を集めたのは当然といえましょう。

日本からヒマラヤ登山に赴いた登山家たちは、1950年代には、ヒマラヤ上空を鳥の群れが渡るのに気付いていました。夏の間のモンスーン（季節風）による雨期が明ける10月初旬、登山家たちに頂上アタックのチャンスを告げるように、ツルの大群が北のチベット側からヒマラヤの峰を越えて南のネパール（インド）側へ飛んで来るのです。マナスル、アンナプルナ、ダウラギリといった山群周辺では、数万羽の群れが通過するといわれます。登山家たちの撮影した写真や映画から、ツル

の種類はアネハヅルが主体であることがわかりました。当初は希少種のソデグロヅルも入っているのではといわれましたが、その後の観察ではアネハヅルとクロヅルに限られています。

アネハヅルは、主としてロシア・モンゴルの国境周辺から中央アジアを経て黒海北岸に至る地域で繁殖し、ユーラシアでは主にインド北部からパキスタンで越冬します。1995年には日本野鳥の会を中心とする研究グループが、繁殖地のアネハヅルに人工衛星で追跡できる電波発信機を装着し、越冬地まで追跡することに成功しました。その結果、中央アジアのカザフスタンの繁殖地のものは、ヒマラヤ山脈の西側を迂回するようにインドの越冬地にたどり着いたのですが、それより東側のモンゴル西部の繁殖地のものは、実際にヒマラヤを越えてインド西部のアジメールに到着したことが確かめられました。

高高度でも運動が可能な肺のしくみ

人間なら酸素ボンベを必要とするような高い高度で、鳥が飛翔という激しい運動をこなせることは驚きですが、この理由の一つは肺のしくみにあると考えられます。

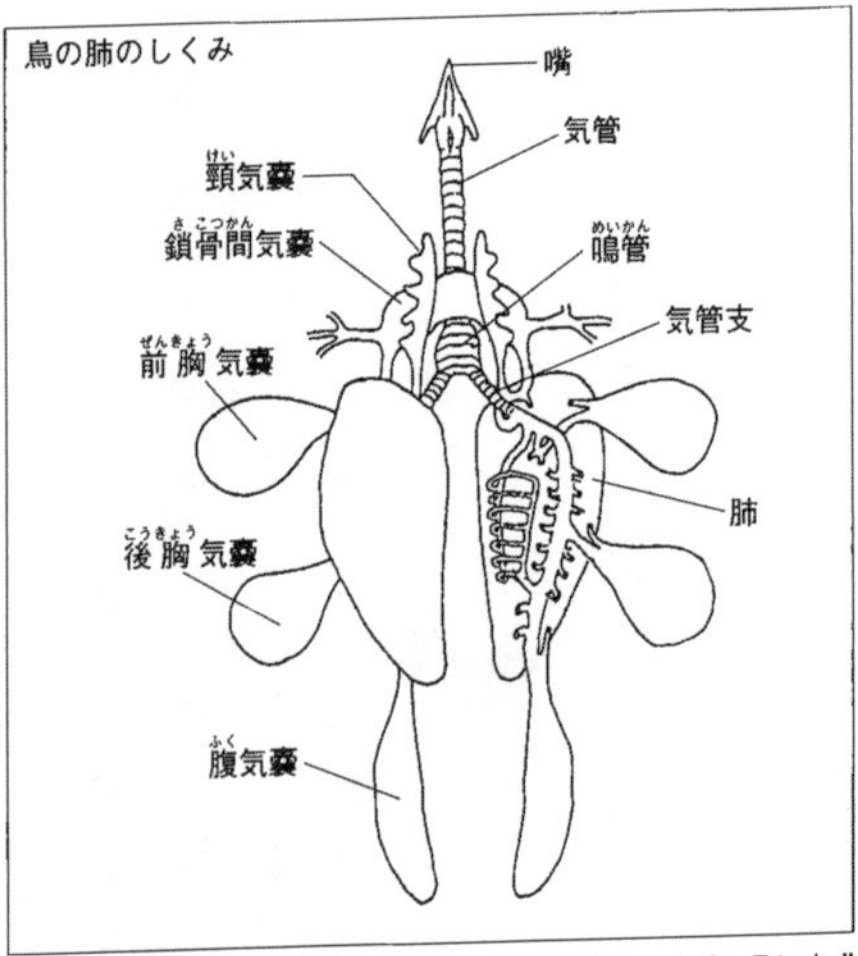

(出典＝Welty and Baptista 1988“The Life Birds” Saunders College Publishing)

肺はご存じのように吸い込んだ空気と血液が出会って、血液が持っていた二酸化炭素を放出し、新たに空気から酸素を受け取る場所です。この肺の仕事の能率が高ければ、空気が薄くても運動が苦しくありません。実は、人間をはじめとする哺乳類の肺と鳥類の肺では構造が異なり、鳥類の肺の方が能率がよくできているのです。

哺乳類の肺は、出入口が一つであるために、新しく吸った空気はこれから吐き出そうとする古い空気と混ざってしまいます。空気を「買い物客」、肺を「デパートの売り場」にたとえるなら、まるで、出入口が一つしかない売り場が混雑しているようなもので、買い物が終わった客と終わっていない客が混ざり合ってしまって買い物の能率が悪いのです。一方鳥の肺は、入口と出口が別々で、内部は一方通行になっており、血液は外から入った新鮮な空気とすぐに出会えます。ちょうど売り場が一方通行になっていて、一方から入った客は順次買い物をして、終わると反対側からそのまま出て行けるようになっているようなものです。

鳥でも哺乳類でも、最初の玄関は鼻と口から来た気管という一カ所なのに、鳥ではどうして肺の出入口が別にできるのでしょうか。実は鳥ではこのために、売り場の前後に控室がつくってあるのです。ある組の客が玄関から入口側の控室に入るとき、前の組の客は売り場を通って出口側の控室に入れられます。出口側の控室の客が玄関から出るとき、入口側の控室の客が売り場に入るのです。これで、玄関は一つでも、玄関では出入りが一度に起こらず、しかも売り場の中は一方通行という効率的なしくみが可能になるのです。

このたとえ話で控室にたとえたのが、気嚢《きのう》という空気の袋です。鳥の体には合計9個の気嚢があって、呼吸に合わせて収縮と拡張を繰り返しながら、肺による効率のよい呼吸を支えています。

（平岡　考）

鳥が「なわばり」を持つわけ

配偶者、餌、繁殖場所などを確保

ホオジロは林縁部に住むおなじみの鳥ですが、春になると雄は木立のてっぺんで胸を反らして高らかに歌います。この「さえずり」を行う理由の一つは、ここが自分の「なわばり」だ、ということを周囲の個体にアピールするためです。ある特定の範囲を自分のものとして確保し、他の個体を寄せ付けません。

さえずるホオジロをよく見ていると、日が違っていてもだいたい同じ場所で同じようにさえずっている姿を見ます。このように、決まってさえずる場所をソングポストと呼びますが、ある特定の個体を追いかけていくつかあるソングポストを確かめ、地図上にその場所を書き込むということを繰り返すと、その個体のおおよそのなわばりの範囲がわかります。

ところで、なぜ「なわばり」を持つのでしょうか。ホオジロの場合は、なわばりの中で繁殖し、餌をとります。その場で配偶者を確保し、子育てに必要な餌を確保するために同種他個体の侵入を防ぐものと考えられます。このような繁殖と餌確保のためのなわばりというのが、最もよく見られるなわばりですが、鳥によっては繁殖場所の確保だけという場合もあります。

多くの海鳥、カモメやアジサシの仲間は非常に大きなコロニー（集団繁殖地）を形成します。何千何万という個体が集まって一カ所で繁殖するのですが、この場合でも、なわばりが全くないわけではなく、巣に座った親鳥の嘴《くちばし》が届く範囲はなわばりです。外からほかの巣のヒナ鳥が迷い込んできたりすると激しくつつき回して追い出したり、場合によっては殺してしまう場合もあります。このようななわばりが、繁殖場所確保のためなのは明らかです。親鳥はヒナのためにほかの巣の上を飛び越えて餌場に出かけます。

経済的ななわばりを持つ鳥、二つのなわばりをつくる鳥

一方、繁殖のためよりも、餌確保のために周年なわばりを持つ鳥もたくさんいます。

アフリカに住むキンバネオナガゴシキタイヨウチョウは、花の蜜を食べて生きていますが、面積にかかわらず、約1600個の花がある範囲をなわばりにします。これ以上たくさんの花を守ろうとすると、他の個体を追い払う時間とエネルギーが大きくなり、かえって損になります。また、この花の数より少ない数では十分なエネルギーが得られません。守る花が約1600個のとき、無駄なエネルギー消費が一番小さくなるのです。タイヨウチョウは、餌の確保を目的に、最も経済的な範囲のなわばりを持っているわけです。

日本に住むモズが秋に高鳴きをしているのは、餌確保のなわばりを守るためです。多くのモズは、高緯度地方か標高の高いところで繁殖なわばりを持ち、繁殖が終わると越冬のために低地へ降りてきて、今度はそこで別のなわばりを持ちます。このように、渡りにともなって、繁殖地と越冬地の双方でそれぞれなわばりをつくる種も多くいます。

（浅井芝樹）

オシドリのつがいは本当に「おしどり夫婦」か?

尾の長い雄と浮気をするツバメ

仲のよい夫婦のたとえとして「おしどり夫婦」という言葉があります。オシドリの夫婦がぴったりと寄り添っている様子は、確かに見られます。しかしこれは、仲がよいからぴったりと寄り添っているというのではありません。他の雄にちょっかいを出されないようにするために、つがい相手から離れず雄がガードしている結果、ぴったりと寄り添っているというのが実態です。

鳥は哺乳類と違って90%以上の種で一夫一妻です(ちなみに哺乳類の多くは一夫多妻です)。一夫一妻とは、生物学的には必ずしも一生同じつがいでいることを指しているのではなく、1回の繁殖中に1羽の雄と1羽の雌がつがっている状態をいいます。

オシドリに限らず鳥の多くは一夫一妻制（写真＝西巻 実）

ツバメも、典型的な一夫一妻の鳥だといえます。巣をつくって卵を産み、ヒナが孵《かえ》ると1羽の雄と1羽の雌が餌を運んできます。ツバメは1回の子育てで5卵前後産みますが、その結果生まれた5羽のヒナがすべてそのつがいの子であると思っていると、実は違っていることがあります。ヒナのうちのいくつかは餌を運んでいる雄の子ではなく、雌の浮気によって生まれた子である可能性があるのです。

ツバメの行動を詳細に観察した研究によると、雌は自分がつがった雄よりも長い尾を持つ別の雄に求愛された場合、求愛を受け入れて交尾することがあります。その理由ですが、寄生虫が取り付くとツバメは尾を長く伸ばしていることができなくなります。逆にいうと、元気で病原体への抵抗力が強い雄は尾が長くなります。つまり、ツバメの雌は雄の尾の長さで病気への抵抗力を測ることができるのではないかと考えられるのです。病気への抵抗力が弱い雄とつがってしまった雌は、自分の子にそのような遺伝子を伝えるよりも、病気に強いために尾が長い雄の遺伝子を伝えるために、つがい相手ではない雄と交尾するのではないかと考えられています。

実は「この子誰の子？」が多い鳥社会

このように、鳥は一夫一妻が多いといいながら、場合によっては浮気があったりもします。モズも一夫一妻であるとされていますが、巣の中のヒナの血液と、その巣に餌を運ぶ雌雄の血液を採ってＤＮＡ鑑定した結果、父親が異なるヒナの存在が明らかになりました。多くの鳥でこのような例が見つかっており、単純に一夫一妻とひとくくりにいえないというのが研究者の間での認識になっています。

そこで、つがい相手が決まった雄は、自分の子を産んでもらうためには、雌が受精可能な間はぴったりとついてまわって他の雄が近づかないようにするしかないわけです。うまく雌を防衛できれば、その後自分が餌を運んで育てるヒナは自分の子になるわけです。

しかし、最初に登場したオシドリの場合、実は雄は子育てをしません。雌を防御するべき期間が終わったら、子育ては雌に押しつけてさっさとどこかへ行ってしまいます。このようなことをいろいろ知ると、今後仲のよい夫婦に「おしどり夫婦」のたとえを持ち出していいものかどうか迷うところです。

（浅井芝樹）

レックで行われるエリマキシギの集団見合い

求愛と交尾のための特殊なシステム「レック」

鳥類には一夫一妻が多く、繁殖期になわばりを構えるものが多くいます（120ページ参照）。なわばりは繁殖に必要な餌を確保するためや、安全な営巣場所を確保するために構えます。雄がある特定の土地に執着するのは、直接子育てにかかわる資源を確保するためであるのが普通です。

しかし、鳥類のいくつかの種では、これらに当てはまらない独特の配偶システムを持つものがいます。どういうシステムかというと、雄は1カ所に集まってそれぞれが非常に狭い土地だけをなわばりとして守ります。しかし、このなわばりは子育てをするためのものではなく、雌を引きつけるための求愛行動を行い、交尾するためだけに維持しています。このような求愛と交尾のためだけに多くの雄が集まる場所、あるいはそういう配偶システムを「レック」といいます。

雌は単独で、雄が集まって求愛するレックを訪れ、品定めした後、1羽の雄と交尾します。たいていの場合、レックの中央を陣取った一番強い雄と交尾します。その後、雌はそこを立ち去り、全く別の場所に巣をつくり、雌だけで子育てをします。

〝襟《えり》巻き〟の色で行動が異なるエリマキシギ

エリマキシギはシベリアからヨーロッパで繁殖します。繁殖地と越冬地の間の渡り途中で日本を訪れ、春秋に水田などの湿地で見られますが、レックをつくることで知られています。日本で見られる姿はこれといって特徴のない地味な姿ですが、雄は繁殖期になってレックを形成する頃には羽が生え替わり、見事な〝襟《えり》巻き〟が生じます。これらの襟巻きは個体によって少しずつ色が違いますが、おおざっぱにいって暗色型と白色型に分かれます。雌は雄よりも一回り小さく、繁殖期になって羽が生え替わっても地味な羽色のままで〝襟巻き〟は生じません。実は、雄の中には襟巻きがまったくない雌そっくりな第3の個体も紛れ込んでいます。

10羽ほどの雄たちが毎年同じ場所に集まり、直径わずか30〜60センチメートルほどの場所をそれぞれ確保します。彼らは何週間もの間、毎日そこへやってきて、明るい時間のほとんどをそこで過ごします。とりわけ長い時間がんばるのは暗色型の雄たちです。白色型の雄はあまり長い時間はいません。また、レックの中央部に入ることはできず、周辺部になんとか陣取ります。

エリマキシギのディスプレイ（写真＝Ian Dyball／iStock）

雌たちは思い思いに各レックを行き来し、たくさんの雄がいるところに長くいます。それぞれのレックでは、周辺部からふさわしいつがい相手を探します。

雌がレックに近づくと、雄は一斉に羽ばたきし、実際に飛び上がります。次に雌の方を向いて体を上下に動かし、尾羽を反り返した後、地面にしゃがみ込んでしばらくじっとします。雌がいる間、雄同士のけんかが頻繁に起こります。雌は多くの場合、レック中央部にいる立派な羽の雄を選びます。

暗色型の雄は攻撃的で、レックの中央部に長い時間いるので、雌に選ばれやすいことになります。しかし、白色型の雄も、暗色型の雄が他の雄を攻撃している間などに、雌と交尾する機会がやってきます。なんと、雌そっくりの雄も襟巻きのある雄から攻撃を受けることなく、このとき密かに交尾する機会があります。暗色型の雄が白色型が近くにいることを許す理由は、白色型の方が遠くから目立つので、雌を引きつける効果が高いためだと考えられています。雌にそっくりな雄は単に雄とみなされていないため、レックに近づくことができるのです。最近ではこれらの雄の違いがどのような遺伝子によるものかもわかりつつあります。

（浅井芝樹）

アズマヤドリは芸術的な建築で愛を語る

立派な建造物をつくって求愛するニワシドリの仲間

繁殖期になると多くの鳥の雄は美しい声でさえずったり、その美しい羽を誇示するようなダンスを踊ったりして雌に求愛します。しかし、中には芸術的な建築物をつくり、その美しさで雌をひきつける鳥もいます。

ニューギニアとオーストラリアに生息するニワシドリの仲間は、小枝を組んで〝あずまや〟や〝塔〟をつくり、そのまわりを木の実や葉、キノコ、ときにはプラスチックの破片などで飾ります。小枝を組んでできた精巧な建造物は、卵を産み、子を育てる巣だと考えられた時期もありました。しかし、実際にはこの建造物で子育てすることはなく、雄が雌の気をひくためだけに用います。これらの建造物は、種によっては人の背丈を超えるほど大きいものをつくる場合があり、19世紀のヨーロッパの探検家は現地の人がつくったものだと思ったそうです。

長くて厳しい一流建築家への道

ニワシドリの一種、アオアズマヤドリは、オーストラリア東部に分布するムクドリほどの大きさの鳥です。雄は玉虫色に輝く暗青色の羽に包まれた美しい姿で、一方雌は全身が灰色がかったオリーブ色の地味な鳥です。雄は小枝を組んで、並木道のような通路を持った〝あずまや〟をつくります。そして、自らの羽のように青いものを集めてはそのあずまやのまわりに配置し、飾り立てていきます。ほかの鳥の羽や、ストローとかボールペンのキャップといったような人工のものまで、さまざまなものが飾りとして使われます。青いものだけでなく、オレンジ色の花やカタツムリの殻などでアクセントをつけます。

雌はこのあずまやを訪ね、品定めし、気に入ればあずまやの通路を渡ります。雄は雌の後ろから通路に入ってあずまやで交尾するわけですが、いつでもうまくいくわけではありません。そもそも、このあずまやを立派につくれるようになるには何年もの経験が必要です。また、手間をかけてつくったあずまやが近所の雄に邪魔されて壊されたり、せっかく遠くから集めてきた飾りをこれ幸いとほかの雄に拝借さ

あずまやをつくり、青いキャップなどを集めたアオアズマヤドリの雄（写真＝ Ken Griffiths ／ iStock）

れたりするので、こういった雄から自分のあずまやを守らなくてはなりません。そして、訪問した雌も、気にいってくれる確率はほんの数％と、とても低いのです。それでも、立派なあずまやが仕上がれば、次々に雌がやってくるので多くの雌と交尾できます。

実際の繁殖では、雌は単独で巣をつくり、雄は子育てにかかわりません。このような配偶システムですから、つがい関係というものはありません。

（浅井芝樹）

雌が積極的なイワヒバリの乱婚社会

順位の高い雌は1カ月に100回以上も交尾する

鳥類のほとんどは一夫一妻です（123ページ参照）。しかし、中には変わったものもいます。標高2400メートルを超える高山に住むイワヒバリは、複数の雌雄が共同で繁殖するという変わった習性を持っています。ほとんどの鳥は雄が求愛し、雌が雄を選ぶのですが、イワヒバリでは雌が積極的に求愛します。繁殖期になると雌の総排泄腔《はいせつこう》（鳥では生殖輸管と排泄・排尿の管が一つになっており、総排泄腔と呼ばれる）が突出して充血し、真っ赤になります。雌は尾を立てて総排泄腔を見せるようにして、後ろ向きに雄へにじり寄るという求愛行動をします。

イワヒバリの生活単位はそれぞれ4羽程度の雌雄からなり、群れでなわばりを持ちます。群れの中には順位があり、雄は雌よりも強く、基本的には年上ほど順位は上です。雌雄それぞれの中に一番強い〝ボス〟が存在します。

高山に住むイワヒバリ（写真＝田中 功）

雌は交尾可能な期間に群れの中のすべての雄に求愛し、雄もまたすべての雌と交尾します。単に多くの異性と交尾するというだけでなく、同じ個体と何度も交尾するため、交尾可能な1カ月間に1個体が平均して100回以上も交尾することになります。

求愛と交尾には雌の順位が関係していて、高順位の雌が求愛しているとき劣位雌は求愛できません。したがって、高順位の雌ほど交尾相手の数や交尾回数が多くなります。一方、雄は順位と交尾回数に関係がありません。ある雌が特に受精確率が高い時期になると、交尾した高順位の雄はその雌が他の雄と交尾しないようについてまわるため、結果として他の雌と交尾する機会が失われるので、順位と交尾回数の関係が結びつかないのです。順位の低い雄はこのようなときに別の雌と交尾して、この雌にさらに順位の低い雄が交尾しないようについてまわるわけです。

交尾が多い雌は子育てがラクチン

雌はそれぞれが別々の巣を持ち、産卵します。イワヒバリの場合、卵を温めるのはすべて雌が行ないますが、ヒナへの餌やりは雄も手伝います。このとき雄は、交尾した回数が多い雌の巣へより頻繁に餌を運びます。したがって、たくさん交尾した雌の〝ボス〟は、多くの雄からたくさんの手伝いを受けることができるのです。厳しい環境である高山での子育ては、ヒナが餓死することが多く、どれだけ多くヒナへ給餌できるかが繁殖の成否を分けます。結果として、順位が高い雌ほど多くの子どもが残せるということになるのです。

（浅井芝樹）

息子を産むか娘を産むか？子どもの性を選ぶ鳥たち

最初につがった雌は雄を産むオオヨシキリ

ほとんどの動物は雄と雌が同数ずついます。ヒトで男と女の比がほぼ1：1なのは、男女の生まれてくる確率がほぼ1：1だからです。しかし、いろいろな動物を見渡してみると、必ずしも同じ事情というわけではありません。

たとえば、オオヨシキリは一夫多妻の鳥で、1羽の雄のなわばり内に2、3羽の雌が子育てをしていることがありますが、その巣の中のヒナは雌雄の比（性比）が1：1ではありません。最初につがった雌の巣では雄ヒナが多く、後につがった雌ほど雌ヒナが多いのです。

オオヨシキリでは、体の大きい強い雄ほどうまくなわばりを確保して多くの雌と交尾できます。体の大きさはヒナのときにどれぐらい餌をもらえたかに依存していると考えられています。もしそうならば、たくさんの餌を与えることができる雌は雄ヒナを多く育てようとするに違いありません。なぜなら、将来多くの雌とつがえるような息子を育てられるのなら、その方がたくさんの孫を残せるからです。

実は、オオヨシキリの雄は最初につがった雌の巣だけに餌を運びます。したがって、最初につがった雌は、自分のヒナには多くの餌を与えられるのです。2番目以降につがった雌は独力でヒナに餌を与えるので、強い息子を育てられないかもしれません。そのようなとき、あえて弱い息子を育てて将来息子がつがい相手を見つけられなくなるよりは、確実に孫を産んでくれそうな娘を多く産んでおいた方が得策というわけです。

状況に応じて都合よく産み分ける鳥たち

セーシェルズヨシキリは、娘が巣立った後も親元にとどまって、次の繁殖のとき親の手伝いをします（140ページ参照）。手伝いがあると、うまく子供を育て上げられる確率が高くなります。手伝いがいない親は次の繁殖のとき娘を産みます。うまく育てば翌年手伝ってくれるからです。

ところが、セーシェルズヨシキリのなわばりにはそれほど餌が多いわけではないので、同じなわばりに多くの個体がいると餌が不足します。そこで、すでに手伝いの娘がいる親は息子を産むのです。手伝いが2個体以上になると、なわばり内の餌が不足して、かえって繁殖に失敗する確率が高くなるためです。

アカオオハシモズの場合は、息子が親元にとどまって手伝いをします。というのは、雌の死亡率が高くて雄のつがい相手が足りず、若い雄が余っているからです。手伝いがいるということは、今息子を産んでもつがい相手が見つけにくい状況にあるということなので、親は娘を多く産みます。一方、手伝いがいないときには、これから息子を産んでもすぐにつがい相手を見つけられる可能性があります。それならば息子の方が生き残る確率が高いので、息子を多く産むのです。つまり、手伝いのあるなしで繁殖の性比が決まるから産み分けるのではなく、早く繁殖できるのが息子なのか娘なのかによって産み分けるのです。

このように、状況に応じて得になるように雌雄を産み分けているという鳥が最新の研究によって見つかりつつあります。しかしながら、どのようにして産み分けることができるのかという肝心な点がまだ明らかではありません。

（浅井芝樹）

子育てをお手伝いするヘルパーさん

餌を運んでくれるのは誰？

鳥の多くは一夫一妻です（123ページ参照）。多くの場合、雌雄ともに餌をヒナへ運びます。しかし、足環を付ける方法などで個体識別をして観察していると、ある種の鳥では、その巣の持ち主たる雌雄以外の個体がせっせと餌を運んでいるのを観察するときがあります。このように自分の子ではないのに、餌を運ぶなどして他人の繁殖の手伝いをしている個体を、「ヘルパー」と呼びます。ヘルパーは一般的なものではなく、鳥類全体の約3％の種でしか見つかっていません。日本に生息する鳥だと、オナガやエナガにはヘルパーがいることがわかっています。これらのヘルパーは、なぜ自分自身が繁殖せずに他人の手伝いをしているのでしょうか。

自分自身の子を残さず、他人の利益になってしまう行動がなぜ進化したのでしょうか？　理論的には、手伝ってもらうことで利益を得る個体が手伝いをする個体と血縁関係にあれば、そのような他人の利益にしかならない行動も進化しうることがわかっています。

そこで、鳥のヘルパーが一体どこから来たのかを調べる精力的な研究が行われた結果、ヘルパーが子育てを手伝っている雌雄は実はヘルパーの親であって、ヘルパーは以前の繁殖で生まれた子どもたちだとわかりました。ということは、ヘルパーは全くの他人を手伝っているのではありません。自分の弟妹を育てていた、というわけです。

ヘルパーのありようは種によってさまざま

シロビタイハチクイはコロニー（集団繁殖地）をつくり、かつヘルパーが存在する鳥です。コロニーで繁殖するのですから、すぐ近くに多くの個体が巣を構えているわけです。しかし、ヘルパーはその中から確実に自分の血縁者を選んで手伝います。

ガラパゴスマネシツグミのヘルパーも、自分の血縁者を手伝います。彼らが手伝う基準は、自分がヒナであったときに餌を運んでくれた個体の巣へ餌を運ぶというものです。

ヘルパーの多くは若い個体であり、自分でなわばりを持てなかったり、繁殖経験が浅いためにうまく子どもを残せないことが多いのです。そこで、親の手伝いをしてより多くの弟妹を育てれば、遺伝子レベルでは自分の子を育てたのと同様の効果があるのです。というのは、自分の子どもが自分の遺伝子のコピーを持っているのと同様に、弟妹もまた、自分と同じ遺伝子を持っている可能性が高いからです。

このように、血縁者を手伝うヘルパーについてはうまく説明できました。ただし、ヘルパーの存在はそれほど単純ではありません。多くのヘルパーが親の手伝いをしていることは事実ですが、すべてのヘルパーがそうしているわけではなく、種によっては全くの他人を手伝っている場合もあります。これらの例のいくつかではヘルパーは後になわばりを受け継ぐことができたので、手伝いの見返りとして十分なものを手に入れていることがわかっています。しかし、ヘルパーの存在形態は種によってさまざまで、なぜそんなことをするのかまだよくわからない種がたくさん残っています。

（浅井芝樹）

子育てを他人に押し付けるカッコウはずるい鳥？

ほかの卵を放り出して巣も餌も独占

夏の訪れを伝えるカッコウ。特別鳥に詳しくない方でも、この鳥がほかの鳥に子を育てさせる習性を持つことは、きっとご存じでしょう。この習性を「托卵《たくらん》」といい、カッコウのほかに日本で繁殖する同じ仲間のホトトギス、ツツドリ、ジュウイチも同じ習性を持っています。

カッコウたちの托卵の技はたいへん巧妙です。多種の鳥の巣から卵を1～2個抜き取っておいて、もともとその場所にあったかのように自分の卵を産み込みます。カッコウの卵は、巣の持ち主の卵より先に孵《かえ》ります。そして、孵ったヒナは、巣の中にあるほかの卵を背中に乗せて外へ放り出してしまいます。背に触れる、どんなものでも外へ出してしまうので、たまたま先に孵ったほかのヒナがいても背中に乗せ、外に放り出してしまいます。こうして、カッコウのヒナは巣も仮親が運んでくる餌も独占し、仮親よりも大きく育ちます。

ラクばかりではないカッコウの事情

さて、ここまで聞くと、カッコウは楽をする、ずる賢い鳥と思われるでしょう。しかし、托卵は決して効率がよい繁殖方法ではありません。カッコウはたくさんの卵を産みますが、仮親より増えてしまっては、子育てを任せる相手が減ってしまい、カッコウ自体も減ってしまいます。

また、育ててもらうには、托卵相手の卵と似た卵を産まなければ、受け入れてもらえません。こんな話があります。カッコウの托卵相手は、ホオジロ、オオヨシキリ、モズ、キセキレイなど28種が報告されています。その中でもオナガへの托卵が頻繁に報告されるようになったのは1970年代からです。仮親オナガとカッコウの関係について研究している信州大学の中村浩志名誉教授によると、托卵が開始された当初、多くのオナガはカッコウの卵を受け入れていました。しかし、時間が経つとともに、托卵させまいとカッコウを激しく攻撃したり、またカッコウの卵を識別して捨てたり、という対抗手段を取るオナガが増えてきました。オナガがカッコウの卵を受け入れてしまうかどうかは遺伝的に決まっていると考えられます。つまり、カッコウの卵を受け入れてしまう家系は子孫を残せなくなり、一方、カッコウに対し対抗手段を取ることができるオナガの家系は効率よく子孫を残せます。その結果として、托卵させまいとするオナガが増えてきたと考えられます。これに対し、カッコウはよりオナガに似た卵を産むよう進化しているそうです。

カッコウは卵を変化させるだけでなく、容姿もワシタカ類に似せている（擬態している）という説があります。山階鳥類研究所へ寄せられる問い合わせでも、タカのような鳥を見た、とおっしゃるので、よくうかがってみるとカッコウの仲間だったりすることが、たびたびあります。擬態している理由として、ヒナがワシタカ類に捕食されるのを防ぐため、また、托卵するときに仮親の気をそらせるためなどが挙げられています。しかし、本当のところはよくわかっていません。

卵だけでなく、自らの姿までも変えて、あるときは激しく攻撃され、それでも他種に子育てを任せなければならないカッコウは、実は悲しい宿命を持った苦労の多い鳥なのです。

（小林さやか）

雌が求愛、雄が子育てするタマシギ

見た目も役割も雌雄逆転

一般に鳥の雄は、クジャクやカモのように派手できれいな色をし、また、ヒバリやウグイスなどの小鳥たちのように大きな声でさえずります。一方雌は地味な色をして、さえずることはありません。また、卵を抱いたり、ヒナを育てたりするのは主に雌です。ところが、タマシギという鳥はこれらの性質がすべて逆転しています。つまり、雌が雄より色彩が派手で、体も大きく、大きな声で頻繁に鳴き、目立つ行動でディスプレイ（誇示行動）をします。一方雄は卵を温め、ヒナの世話をします。

タマシギは、日本では主に関東地方および新潟県より西の各地の湿田に住んでいる、ハトより少し小さい鳥です。雌は背から側面は緑がかったブロンズ色、のどから胸は栗色をしていて、胸と側面の間には明瞭な白い線があります。雄は頭から背にかけて全体に褐色で、側面には褐色を帯びた黄色の斑点があります。

梅雨の頃の夕方や夜に、雌は「コーンコーン」と聞こえるよくとおる大きな声で鳴きます。鳴いているのは独身の雌で、つがいになった雌は大きな声で鳴くことはなく、雄と行動を共にしています。雌はつがいになって3～4日後に産卵を開始しますが、産卵期間（4日）とその前の3～4日はずっと雄と一緒に行動し、離れることはありません。ところが4個の卵を産み終えるとすぐに雄からもその巣からも離れていき、戻ってくることはありません。巣から離れていった雌は再び大きな声で鳴いて、つがいになる新しい雄を探します。このように雌が次々と雄を変えていき、雄に自分の子供を育てさせる繁殖形態を、普通、一妻多夫の婚姻形態といいます。

残された雄は1羽だけで抱卵を開始します。卵は16～19日で孵化しますが、孵《かえ》ったヒナは半日もすると巣から離れて、雄親の後を追いかけながら採食したり、雄親に敵から守ってもらったりします。雄による子育ては短いときには20～30日で終わり、子どもは独立していきます。子育てを終えた雄は次の繁殖のために別の雌とつがいになります。また、繁殖途中で失敗した雄も、次の雌を求めて行動します。

独身雄をめぐってしのぎを削る雌

マーキング（標識による個体識別）をした調査の結果、ある1羽の雌は少なくとも4羽の雄と7回以上つがいになり、別の1羽のマーキング雌は一度もつがいにならなかったことがわかりました。もてる雌ともてない雌がいるわけです。一方、雄は見つかるときはいつもつがいでいるか、抱卵中か子育て中で、常に繁殖活動に参加していて、単独でいることはほとんどありませんでした。

ほとんどの雄が子育てに精を出している間、雌は子育てをしないで、普通は独身の状態でいます。雌は派手な色彩をして、大きな声で鳴き合って、数少ない独身雄を獲得するためにしのぎを削っているのです。もてない雌にとっては、雄とつがいになって自分の子孫を残せるかどうかは大問題になります。一方、雄は子どもを育て終えたり、繁殖を失敗したりして独身雄になっても、まわりにいつも独身雌がたくさんいるわけですから、その中からつがいになる雌を選べばいいのです。タマシギの雄はもてもてなのです。

（米田重玄）

卵は抱かず、餌もやらない塚の番人ツカツクリ

枯葉が分解される熱で卵を温める

鳥の繁殖で特徴的なのは、卵を温め、ヒナを孵《かえ》すことです。そして程度はさまざまですが、ある程度大きくなるまで親が子の面倒を見るのが普通です。ところが、生物の世界には例外がつきもので、抱卵もヒナへの餌やりも全くしない、ツカツクリという鳥がいます。

ツカツクリの仲間はフィリピン、インドネシア、パプアニューギニア、オーストラリアなどに生息します。地上で枯葉を寄せ集めた塚をつくり、その中に卵を産みます。枯葉は適度な湿気と温度のときに微生物によって分解されますが、そのとき発生する熱によって卵は温められるのです。塚の中の温度は高すぎても低すぎても卵の発生を妨げます。ツカツクリは適度な温度になるよう、熱すぎるときは塚の表面から砂を取り除いて冷やし、冷たすぎるときは新たに湿った枯葉を塚に積み上げ

ます。

さまざまなツカツクリの仲間

クサムラツカツクリでは、塚の維持管理はもっぱら雄の役割です。生息地はオーストラリア南部の乾燥地で、とりわけ塚の管理がたいへんです。ある程度の水分がなければ枯葉の分解は進みませんが、いつ雨が降るかわからないので、繁殖期前に地面に穴を掘って枯葉をためておき、雨を待ちます。枯葉が雨で濡れると、砂を厚くかぶせて水分が逃げないようにします。卵を産むときにはこの砂を撤去しなければなりませんが、その全重量は850キログラムにもなります。

そして卵を産んだ後、塚の温度管理を続けるのですが、季節が進むと枯葉の水分が切れ、分解が進まなくなる結果、温度が下がってきます。すると今度は積み上げた塚を崩し始め、太陽熱で温めるようにするのです。ツカツクリ類の繁殖期は何カ月も続き、孵化までにかかる日数も49〜65日と長いので、クサムラツカツクリの雄が塚を維持管理している期間は、11カ月にも及ぶ場合があります。

塚の大きさは種によってさまざまですが、クサムラツカツクリで高さ1メートル

オーストラリアに生息するクサムラツカツクリ（写真＝ butupa）

クサムラツカツクリの塚（写真＝ Glen Fergus）

弱、直径2・7～4・5メートルになります。最も大きい塚をつくる種類のツカツクリでは、高さ5メートル、直径12メートルもの塚をつくります。このツカツクリは何年も同じ塚を使うことがあり、一つの塚が40年以上継続して使われた（使ったのは同じ個体ではないと考えられる）という記録もあります。

ところが、塚をつくらない〝ツカツクリ〟もいます。これらは海岸などの砂の中に卵を産み、太陽熱で温めます。また、火山島などに生息するツカツクリには、地熱で卵を温める種類もいます。温泉が流れている地下水脈の上に穴を掘り、その中に卵を産むのです。地熱が利用できるところは限られているので、多くの鳥が狭い地域に集中します。パプアニューギニアのニューブリテン島のポキリにはそういった産卵場所があるのですが、1978年の6月にはのべ5万3000羽ものツカツクリがその産卵場所にやって来たそうです。

土の中から自力で這《は》い出てくるヒナ

ツカツクリは、非常に大きくて卵黄（ヒナの栄養）割合の大きい卵を産みます。その大きさは雌の体重の10～20%にもなり、しかも1年間に繰り返し20個以上も産むことができます。その結果、ヤブツカツクリでは1年間に雌が産んだ卵の総重量が自分の体重の3倍にもなることがあります。しかし、ツカツクリ類の繁殖は天候に非常に左右されるので、年によって産み方はさまざまで、極端な場合には1年間全く産まない場合もあるのです。

卵の中でたくさんの栄養をもらったヒナは、成長の進んだ段階で孵化します。実際には孵化しても土の中ですから、背中を下にして足で砂をかき分けながら、長いときには何日もかけて地上へ出てきます。深いときには1メートル近くも掘らないと出て来られません。しかし出てきたヒナは自力で餌を採ることができ、しかも、すぐに飛べるのです。

（浅井芝樹）

関取級の肥満は子が生き残るための武器

早熟な鳥と大器晩成な鳥

早熟な子がいる一方で、大器晩成の子がいるのは鳥の世界でも同じです。孵化後まもなく、発達した脚部を使って巣外へ出て達者に泳ぎや歩行をする早熟グループに対して、大器晩成グループは、孵化して巣立つまで2〜4カ月も巣にとどまります。前者の早熟グループは、カモ類、カイツブリ類、ウミスズメ類など、主に湖沼や沿岸に暮らす鳥で、後者の晩成グループはミズナギドリ類やアホウドリ類、ウミツバメ類などで、主に沖合や外洋で採食する特徴を持ちます。

この大器晩成グループの海鳥は、高度に飛翔適応した体型ゆえにおしなべて飛翔コストが小さく、自慢の省エネと高速飛翔力を武器に、繁殖期間中も繁殖地から離れた海域へ定期的に移動していることが、最新の衛星対応小型送信機（重量20グラム）で追跡した結果判明しました。

たとえば、日本最大級の海鳥の繁殖地で知られる御蔵島（伊豆諸島、三宅島の南20キロメートル、黒潮海域）で集団繁殖するオオミズナギドリの親鳥は、子育て中ですら、直線距離で600〜1000キロメートル離れた三陸沖の黒潮・親潮混合域から北海道南部沿岸までの親潮海域へ、定期的に索餌《さくじ》回遊を繰り返しています。親鳥たちは、あたかも1〜2駅程度しか停車しない〝洋上〟新幹線に乗ったかのように一気に北上し下車すると、平均1週間近く、比較的狭い海域をゆっくり移動しつつ滞在して、その後、再び〝洋上〟新幹線で繁殖島の御蔵島周辺海域まで一気に南下し、その後数日間、伊豆諸島の周辺海域や、房総半島沖で索餌回遊しながら、ヒナの待つ御蔵島へ夜戻る、壮大ともいえる遠距離子育て通勤を、3カ月近く続けます。

餌に秘められた親の思い？

このような親を持つ子は当然ながら、幾日も食事を全くもらえない日を、それも繰り返し、迎えることになります。地面に掘られた約2メートルの横穴式の巣の奥で、綿毛に包まれたヒナは親の帰りを根気強く待ち続けることになります。では、親の不在時に生じる飢餓期をどのようにしのぎ、成長し、ヒナは巣立つのでしょう？

こうした、一見放任主義とでも解釈される子育て様式を持つ親鳥の共通点は、毎年1つしか卵を生まないことです（ワタリアホウドリなどの大型種にいたっては隔年繁殖）。そのため、その年の繁殖シーズンには、ヒナはいずれも一人っ子であり、ゆえに親の給餌を独占できる利点を持っています。

さらに、親が吐き戻し口移しで与える餌は、カロリー価の高い油が頻繁に混ざる特徴を持ちます。餌生物の栄養分の中で分解の早い成分は、採食後すぐにヒナへ与えない限り、親自身の消化能力で親の体内へ吸収同化され始めますが、分解の非常に遅いワックスエステル系の油を主成分とする油脂は、長期間親の胃内に残り、吐き戻す餌生物とともに、ヒナへ時として大量に受け渡されるのです。御蔵島の親が再び三陸沖から北海道沿岸へ出勤し、巣に残された後の飢餓期には、ヒナはこの胃油をゆっくり吸収同化して、体内脂肪とともに基礎代謝や成長エネルギーにあてているわけです。

若齢の頃から、親鳥は、一夜の滞在時にヒナの体重に匹敵するほどの大量の餌をヒナへ与えることがあります。飢餓期をしのぐもう一つのヒナの強みは、このすべてを収容できる拡張構造の腺胃《せんい》です（55ページ参照）。

ヒナ自らが巨大なエネルギータンク

さて、遠距離通勤で定期的に留守になる両親を持つオオミズナギドリのヒナは、幾度もの飢餓期を経るにもかかわらず、こうした利点によって、1カ月齢ほどで親とほぼ同体重に成長し、その後さらに増加を続け、2カ月齢に入ると親を1・3倍も上回る体重にもなります。体脂肪率はおそらく30％をゆうに超え、体型も巣穴から容易には引き出せないほどの関取型になります。このように、ヒナ自らが栄養分の巨大な貯蔵庫となって、生存と成長を安全保障しているのです。

さらに、嘴《くちばし》や頭、脚・翼骨など全身の骨格部位、一部の筋肉などは初期に成長するのに対して、尾羽や翼、全身の真羽、そして翼を支える胸筋などは遅れて成長し、成長エネルギーの必要な時期を分散させることによっても、エネルギー危機を回避しています。これらすべてが、留守がちな親鳥に合わせたヒナの生存戦略であるわけです。

（岡　奈理子）

鳥は同種内での殺し合いをするか？

ライオンの子殺し

一般的に、ヒト以外の動物たちは同じ仲間同士で殺し合ったりしないと思われがちです。しかし、実際にはそんなことはありません。よく知られた例として、ライオンの子殺しがあります。

ライオンは3～12頭の雌とその子どもたち、1～6頭の雄で構成される群れで生活します。雌はみな血縁関係にありますが、雄はよその群れからやってきて、前にいた雄たちを追い払ってその群れを乗っ取ります。乗っ取った後、子どもたちは新しい雄たちによって追い払われるか殺されます。なぜなら、新しい雄たちにとっては自分の子ではないので育てる理由がありません。子育て中の雌は次の子を生めないので、新しく群れを乗っ取った雄にとっては前の雄の子どもたちは邪魔なのです。雌たちは雄に逆らうだけの力がないので、子どもたちは殺されるより仕方がありません。殺されてしまったら雌としても早く次の子を産んだ方がいいので、すぐに発情して、新しい雄の子を産みます。

ヒメアマツバメの子殺し

鳥の場合でも同様な子殺しの例があります。ヒメアマツバメは建物のひさしの下にコロニーをつくって繁殖します。巣は空中で羽毛・葉などを採集して唾液で固めてつくりますが、つくるのにたいへん時間がかかります。そこで、隣人の巣を乗っ取るということをします。そのとき前の所有者の卵やヒナがいれば、それを殺してしまいます。そして、その巣を所有していた異性とつがって繁殖するのです。ヒメアマツバメの場合、繁殖の成否は巣の完成度に左右され、雄でも雌でも事情は変わりませんから、両性とも乗っ取りを行い、両性とも子殺しをします。

アマサギの兄弟殺し

同種内の殺し合いがあるといっても、それほど頻繁に観察されるわけではありません。もし自分が同種の個体を殺そうとするならば、当然相手も殺されまいとして

兄弟殺しが観察されるアマサギ（写真＝西巻 実）

戦うでしょう。同種の生物なら潜在的な殺傷能力は五分五分です。したがって、相手を殺そうとすることが同時に自分が殺される可能性を高めることにもなります。だから、自分が生き残るためには、相手が死ぬところまで追いつめるような争いは避ける方がいいわけです。

子殺しが見られるのは、大人と子どもという形で力の差がはっきりしているからです。力の差がはっきりしているために見られる同種内の殺し合いに、兄弟間の殺し合いがあります。

アマサギは3～5卵を産みますが、1卵ずつ1～2日おきに産み、産んだ卵から抱卵するので、卵によって温められている時間が異なり、その結果、最初に産み落とされた卵から順に1日ずつ遅れて孵化します。早く生まれたヒナはその分だけ弟妹よりも大きくなります。ヒナの餌要求量が大きくなってくると大きなヒナほど餌を独占して弟妹を圧迫するようになり、また、積極的に末子を攻撃します。その結果、一番小さなヒナは餓死したり、巣から突き落とされたりします。この兄弟間の争いは親の目の前でも起こりますが、親は全く干渉せず、黙認しています。
アマサギにとって、ヒナに与えられる餌量は変動しやすいので、足りなくなったものを無理にヒナに平等に与えていれば共倒れする可能性もあります。確実に子を残すには、ヒナ間の不平等をつくる方がむしろ得策なのです。末子はいってみれば保険にすぎず、餌量がたまたま多かったときだけ育てばよいというやり方なのです。

自分の遺伝子の繁栄が行動の原理

このように、動物たちが同種殺しをタブーとして避けているようには見えません。「種の繁栄」のために行動していると考えればこれは不思議なことですが、生物の進化を研究すると、「種の繁栄」という考えがそもそも間違っていることに気づきます。それぞれの個体は自らの遺伝子が多く残るように行動しているのであって、そういう観点では同種の別個体はライバルにすぎないわけです。同種内殺しは、そのような動物の特性が顕著に現れた行動ともいえるでしょう。

（浅井芝樹）

小さなスズメだって、生き残るために冒険する

300キロメートルも旅するスズメ

誰でも見たことのある身近な鳥の代表選手、スズメ。皆同じ顔をして、チュンチュク、チュンチュンにぎやかに騒いでいるスズメ。いつもいるから気にも留めないスズメ。こんなスズメでも、一生のうちには大冒険をすることもあるのです。

新潟県新潟市北区（旧、豊栄市）に、福島潟という大きな湿地帯があります。今はその半ばが干拓され大規模な水田地帯になっていますが、昔ながらの潟の姿を今にとどめるそのすぐ傍に、環境省の鳥類観測ステーションがあります。1972年に環境省（当時は環境庁）が発足して以来、山階鳥類研究所は環境省の委託を受け、ここで鳥類の標識調査を実施しています。

この標識調査では、捕獲した鳥に個体識別ができる番号の付いた足環を付けて放鳥します。足環の付いた鳥がまたどこかで見つかったとき、1羽の鳥がa地点から

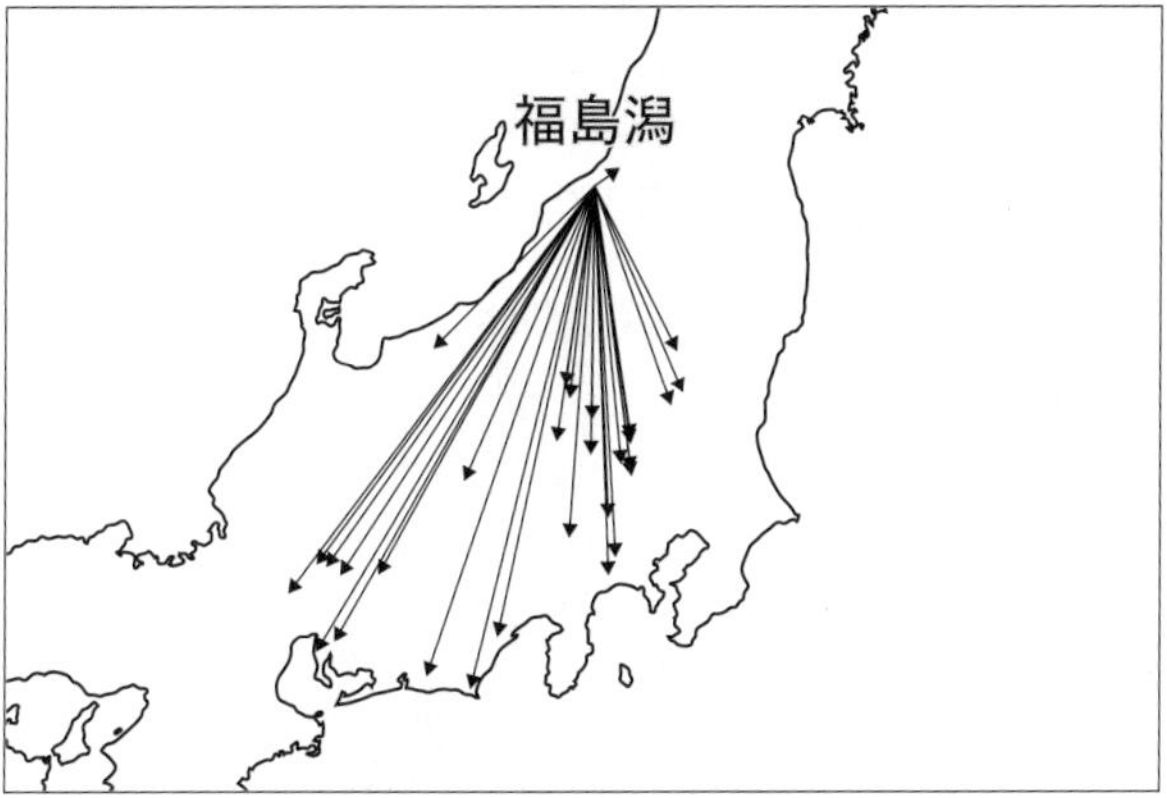

新潟県福島潟で捕獲され、大きく移動して再捕獲されたスズメ

福島潟で放鳥し、300km 以上移動したスズメの幼鳥						
	放鳥日	放鳥地	回収日	回収地	移動距離（Km）	移動日数（日）
A	1971年10月17日	新潟県新潟市	1971年11月27日	愛知県刈谷市	382	41
B	1987年10月07日	新潟県新潟市	1987年12月13日	岐阜県可児市	339	67
C	1985年09月20日	新潟県新潟市	1985年12月08日	静岡県静岡市	332	79
D	1981年10月13日	新潟県新潟市	1982年01月10日	静岡県浜松市	375	89
E	1974年10月11日	新潟県新潟市	1975年01月20日	岐阜県関市西	341	101
F	1982年07月20日	新潟県新潟市	1982年11月23日	岐阜県関市下	344	126
G	1984年09月25日	新潟県新潟市	1985年02月03日	岐阜県恵那市	324	131
H	1982年07月20日	新潟県新潟市	1982年12月21日	愛知県常滑市	396	154
I	1984年10月09日	新潟県新潟市	1985年09月20日	岐阜県安八郡輪之内	373	346
J	1971年09月10日	新潟県新潟市	1972年11月30日	静岡県御前崎市	374	447

b地点まで移動したという確実な証拠が得られます。そして、この移動データを積み重ねていくと、種としての移動経路が見えてくるのです。

福島潟のステーションでは、毎年秋の渡りのシーズンを中心に標識調査が行われ、ここで標識されたスズメのうち、300キロメートル以上離れた地点で見つかったスズメが10例もありました。新潟から岐阜、静岡、愛知など、日本海側から太平洋側に移動しているのです。いったいどこで山を越えるのでしょう。大きな鳥なら発信機を付けて後を追えるのですが、体重20グラム（1円玉20枚）ほどの重さのスズメに付けられる発信機はまだありません。とにかく、ここには新潟から山越えをして太平洋側に出て行ったスズメがいるという事実があるのです。こんな冒険をするスズメは、いったいどんなスズメなのでしょう。

生存のための意味がある子スズメの冒険

この10羽のスズメは、いずれも幼鳥（その年生まれの鳥）だということがわかっています。しかも1羽（前ページ表のA）は新潟から約40日で愛知県まで飛んで行っているのです。その場所で銃で撃たれて死んでしまいましたが、偉大な記録を残しました。ほかの9羽も、2羽（同表のIとJ）を除くと半年以内に300キロメートル以上を移動しています。

全国でも6カ月以内に5キロメートル以上移動した177羽のうち、幼鳥は86羽と大半を占めています。また、移動距離を見ると、100キロメートル以上移動したスズメは45羽、その内、成鳥6羽に対して幼鳥37羽、年齢不詳が2羽。どうやら、幼鳥の方が冒険をするようです。スズメも若いときは無鉄砲なのでしょうか？

実はこれには、子孫を後世に残すための手段として重要な意味があるのです。親鳥の近くのよい営巣場所は、力の強い成鳥に占められてしまいます。すると若い鳥はよい場所を見つけにくいので新天地を求めるしかありません。しかし、従来の生息域が自然災害にあったり人為的に破壊された場合、新天地の若い鳥は運よく生き延びることができます。さらに、新天地の全く別の遺伝子グループの中で繁殖すると、その子孫たちの遺伝的な多様性は従来の生息域よりも高くなり、その中には環境の変化への適応力がより強い個体が現れるかもしれません。

若いときに冒険するのは人だけではないのですね。そして、その冒険にも重要な意味があるのです。

最近、少し心配なのは、スズメの営巣場所が減少していることです。以前は一番の営巣場所は藁葺《わらぶ》き屋根でした。瓦《かわら》屋根になっても、瓦の隙間をうまく使って営巣していました。しかし近年の家屋の屋根は隙間がほとんどない工法に変わってしまい、スズメが巣づくりできない構造になっています。もう、秋の黄金色の田を舞うスズメの大群も見られなくなって、日本の秋の情景がまた一つ姿を消してゆくのでしょうか。農家の方には申し訳ありませんが、少し寂しい気がします。

（吉安京子）

道具を使う鳥カレドニアガラス

木の中の虫を掻き出す3つの道具

ヒト以外で道具を使用する動物はほとんどいません。道具の使用はヒトをその他の動物たちと分ける最大の特徴とされています。しかし近年、チンパンジーなどの霊長類に加え、鳥類でも高度な道具使用の例が見つかるようになりました。それらは、ある目的にあわせて道具そのものを加工するといった高度なものです。

オーストラリア大陸の東、太平洋のただ中に、ニューカレドニアという四国より少し小さいぐらいの島があります。この島に住むカレドニアガラスは、日本に住むカラスと同じように全身真っ黒で、大きさは二回りほど小さくハトぐらいです。このカレドニアガラスは木の幹の中にいる甲虫の幼虫などを食べるのですが、キツツキのように硬い幹に穴を開けられるような嘴《くちばし》は持っていません。木の穴の奥にいる幼虫を取り出すため、カレドニアガラスは3種類の道具を使います。

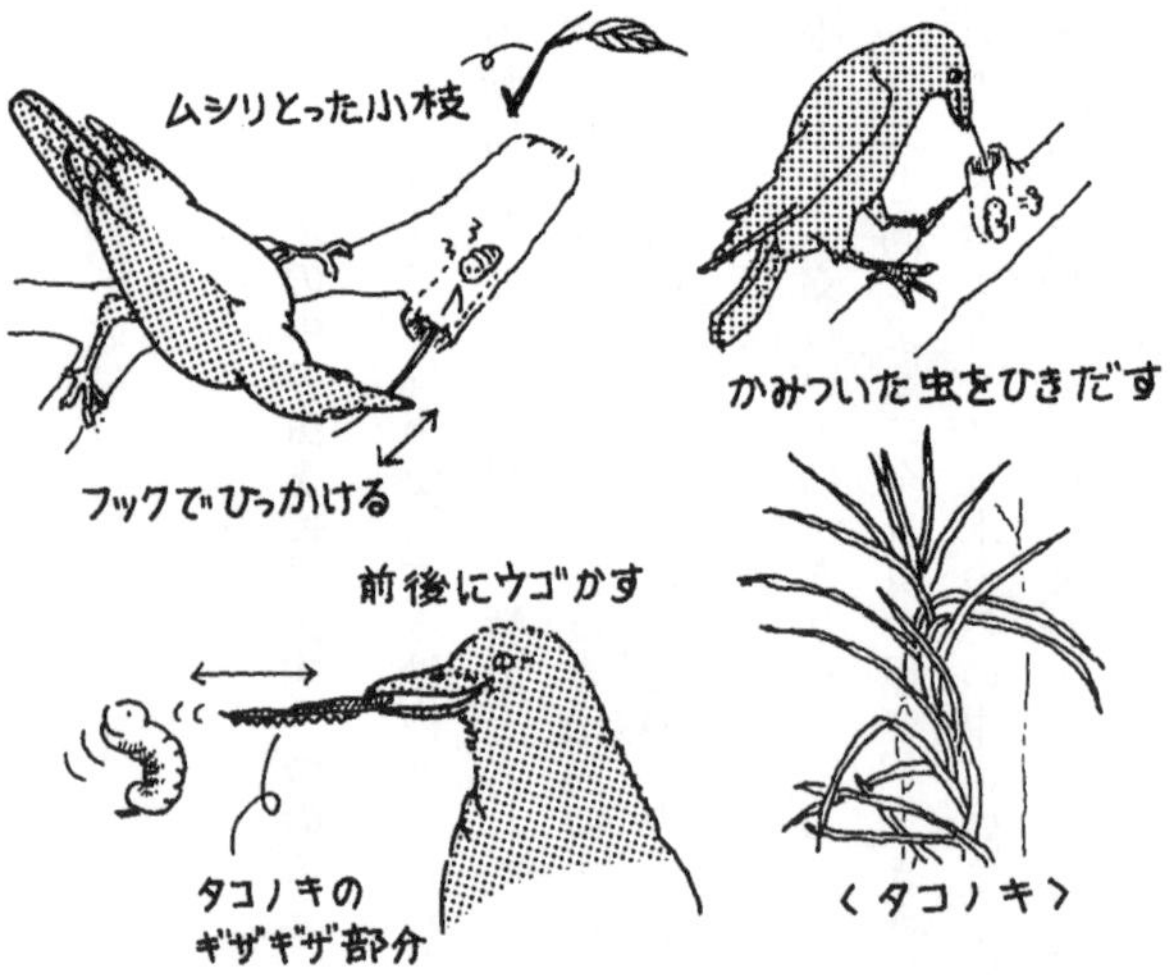

一つ目は、先端が鉤《かぎ》状に曲がった小枝です。木の枝の先の方の小枝をうまくむしり取ると、小枝の枝分かれ部分が鉤状に残ります。この小枝を横にくわえて鉤の部分を木の穴に差し込み、隠れている幼虫を引っかけてとるのです。この場合、嘴は横向きに動かさなくてはなりません。

二つ目の道具は、タコノキというアロエの葉のように縁がギザギザになった細長い葉を持つ植物を利用します。この葉っぱのギザギザ部分だけを細長くむしり取って、やはり幼虫を掻き出すのに使います。ただし、この場合、穴に差し込む側は細くして、自分がくわえる方は太くします。嘴の先に伸びるように縦にくわえ、首を前後に動かして使います。三つ目は、なんの変哲もない棒ですが、これを幼虫が入っている穴に差し込むと、幼虫が天敵を追い出すべく嚙みついて攻撃します。その嚙みついたところをうまく引いてやれば、棒の先に嚙みついたままの幼虫を釣り上げることができるというわけです。

加工は意図的にされたものか？

カレドニアガラスの道具がとりわけ高度であると考えられるのは、特に二つ目のタコノキの葉を利用した道具です。葉の縁をただ無造作に引きちぎっただけでは、先が細く、根元が広い使いやすい道具にはなりません。明らかに、使いやすい形へ細工されているのです。

この細工は、最終的な目的を意図してなされているようです。このような道具使用は、ヒトに匹敵するといっても過言ではありません。

道具の巧妙さそのものとは関係がありませんが、このタコノキの葉の道具からわかったもう一つの興味深いことがあります。タコノキの葉の右側からむしり取っても左側からむしり取っても同じように思うのですが、カラスがむしり取った跡を調べると、片一方の側からむしり取ることがずっと多いことがわかりました。つまり、このカラスにはヒトでいう利き手に相当するものがあるということなのです。

（浅井芝樹）

第3章　鳥たちの歴史と未来

100年ぶりの大事件
新種ヤンバルクイナの発見

珍しい、先進国で大型鳥類の新種発見

ヤンバルクイナは1981年に沖縄島北部で発見されました。日本で新種の鳥が発見されたのは、1887年のノグチゲラ（やはり沖縄島北部）以来で、ほぼ100年ぶりでした。分類の研究が進んだ鳥類の新種発見は世界でも稀《まれ》で、ほとんどは人口の少ない地域や博物館のコレクションの中から見つかっています。

ちなみに、ヤンバルクイナが発見された1981年から1990年までの10年間に、世界で発見された鳥の新種は24種と報告されています。ヤンバルクイナを除く23種はそれぞれ、アフリカから11種、南米から8種、東南アジアから3種、オーストラリアから1種となります。日本のような人口密度の高い「先進国」からの例はあまりありません。また新種のほとんどが小型の鳥で、ヤンバルクイナは最大級の

この地球上で沖縄県北部にしか生息していないヤンバルクイナ

ようです。では新種発見までの経緯を見てみましょう。

現地では身近な存在だった

鳥類標識調査のため沖縄を訪れていた山階鳥類研究所の研究員は、1978年から3年続けて、種不明のクイナ類を観察しましたが、いずれも一瞬の出来事で、その詳しい特徴はわかりませんでした。そこで1981年、同研究所はこの不明種を確認するために捕獲調査を実施し、6月28日に1羽の幼鳥、7月4日には成鳥1羽の捕獲に成功しました。この2羽は詳細に観察され、測定、写真記録などをとった後に足環を付けて放鳥されました。

これらの記録と、その後入手できた標本から、山階芳麿・真野徹の共著で、山階鳥類研究所研究報告に記載論文が掲載され、正式にヤンバルクイナが誕生することになりました。なお、名前の由来となった「やんばる」とは山原と書き、沖縄島北部の国頭《くにがみ》村、大宜味《おおぎみ》村、東《ひがし》村の地域を示します。自然豊かな地域という意味を持つ反面、不便な田舎というニュアンスもあるようです。

新種発見の後になってから、この鳥が山仕事をする人達の間では身近な存在であり、「ヤマドゥイ」（山にいるニワトリの意）とか、「アガチ」（せかせか走り回るの意）などと呼ばれていたことや、1975年4月には、樹上にいる成鳥が見事なカラー写真で撮影されていたことなどもわかりました。

ヤンバルクイナは飛べないクイナ類としては最も北に分布していて、日本産鳥類では唯一の飛べない鳥です。実は沖縄島では1万8500年前頃の地層からクイナ類の化石が発見されています。これはヤンバルクイナより脚が短いことから、飛べた可能性があります。一方、ヤンバルクイナと最も近縁とされるフィリピンからインドネシアに分布するムナオビクイナは飛翔力があります。恐らく何万年も前に南方から飛来したクイナ類が、沖縄島に捕食者となる動物がいなかったことで次第に飛ぶことをやめ、代わりに走り回ることに適応し、現在のヤンバルクイナとなったものと考えられます。

島では捕食による絶滅の危険性が高い、飛べないクイナ類

ヤンバルクイナと同じ、飛べない島嶼《とうしょ》性のクイナ類では、小笠原諸島の硫黄島にいたマミジロクイナが飼い猫などの影響で1911年に絶滅したり、グアム島のグアムクイナも絶滅寸前まで追いやられています。グアムクイナの場合は、軍事物資に紛れて持ち込まれたミナミオオガシラというヘビによる捕食が原因でした。かつては島全体に数万羽もいたグアムクイナですが、1981年には北部に2000羽のみとなり、2年後には100羽、そして1987年に1羽が観察されたのが野外最後の記録となりました。幸い絶滅寸前に開始した人工増殖計画が成功して、現在は飼育個体が数百羽となり、ヘビのいないサイパンのロタ島に放鳥され、自然繁殖にも成功しています。

グアムクイナやヤンバルクイナのような無飛力のクイナ類は世界で約33種が知ら

れていますが、17世紀以降にそのうち13種がすでに絶滅しています。現存する20種も、2種を除いていずれも絶滅の危機にあるといわれています。

ヤンバルクイナの場合も、移入種であるマングースやネコの捕食によって、2005年には分布域や推定個体数が発見当初と比べて半減し、絶滅してしまうのは時間の問題ではないかと危惧されました。幸い移入種のコントロールや、人工増殖計画も進められており、緊急的な危機状態は脱したように思われます。しかし、将来的にこの種が存続できるためには、「やんばる」地域を拡大するなど、積極的な保全策が必要です。2021年に沖縄本島北部は、世界自然遺産に登録されましたが、その「遺産」を将来に引き継ぐために、私たちができることは何でしょうか？　少なくても、我が国で100年ぶりに発見された種が、絶滅種リストの仲間入りをすることを許してはいけません。

（尾崎清明）

ヤンバルクイナの敵は従来はいなかった移入動物

人為的に放獣されたマングース

ヤンバルクイナのような無飛力でかつ島嶼《とうしょ》性のクイナ類は、環境の変化や外敵の出現によって絶滅しやすいことを前項で説明しました。ヤンバルクイナの外敵は、マングースやネコだと考えられていますが、これらヤンバルクイナの天敵となるような中型の雑食性の哺乳類は、従来沖縄には生息していませんでした。マングースは、ネズミとハブの駆除目的で1910年に沖縄に人為的に放獣され、その後分布を拡大しました。1990年前後には北部地域（いわゆるやんばる地域）に侵入したとされ、その後、捕獲調査で多数が捕獲されるようになりました。また、野生化したネコがやんばるの山中で頻繁に観察されるようになってきたのもこの前後のことです。

狭められるヤンバルクイナの生息域

ヤンバルクイナの分布域については、1985〜86年には大宜味《おおぎみ》村塩屋—東《ひがし》村平良ライン以南でも少数の生息が確認されていましたが、96〜99年には大宜味村謝名城周辺—東村福地ダム周辺以南で生息が確認できなくなりました。2000〜2001年の調査では、生息の確認できなかったラインがさらに北上し、大宜味村全域で生息が認められませんでした。この結果をもとにヤンバルクイナの生息域の南限を推定し、分布の変化を見てみると、15年の間に南限と考えられるラインは約10キロメートル北上し、生息域の面積は約25％減少したと考えられます。

マングースの生息状況に関しては、沖縄県が2000年の秋から冬にやんばる全域で駆除事業を実施したことによってかなり判明しました。それによると、マングースの捕獲地点は、ヤンバルクイナの生息が確認できなくなったやんばる地域の南西部に集中していました（図1・2）。

このように、マングースが新たに侵入した地域のほとんどでヤンバルクイナの生息が見られなくなったという分布調査の結果とその時期の一致、両種の生息環境が

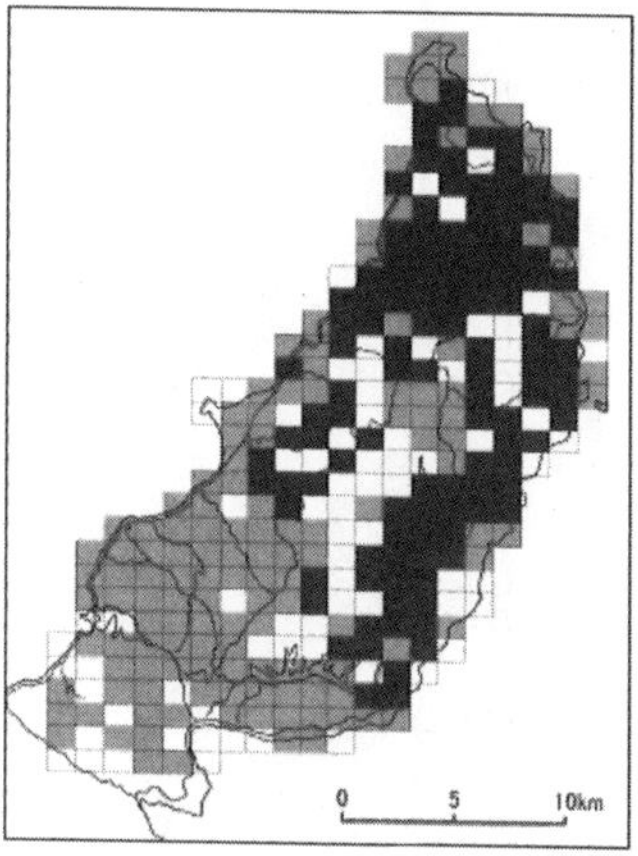

図1　ヤンバルクイナの生息状況（2000-2001年）

生息を確認
生息を確認できず
未調査
（沖縄県・山階鳥類研究所調査）

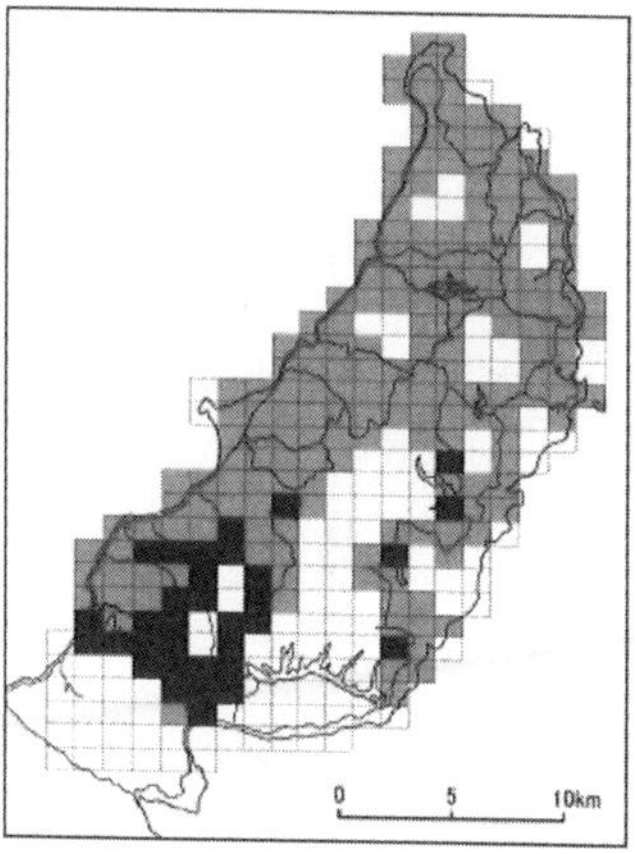

図2　マングースの捕獲状況（2000-2001年）

捕獲
捕獲できず
未調査
（沖縄県調査）

重複していること、餌生物の競合の可能性があること、一方で植生に大きな変化は見られなかったことなどから、ヤンバルクイナはマングースの侵入と分布拡大の影響を受けて分布域を狭めた可能性が高いと考えられます。

また、やんばる地域で野生化しているノネコの糞からヤンバルクイナの羽毛が確認され、捕食の影響が懸念されています。前述の沖縄県がやんばる全域で実施したマングースの駆除事業では、ノネコが233回捕獲されました。そのときはすべてが放獣されましたが、2002年1月からは環境省がマングースとノネコの捕獲を開始しました。実際にはヤンバルクイナだけではなく、希少種のアカヒゲや多くの両生・爬虫類も捕食されていると思われます。

ヤンバルクイナとマングースの分布域の調査はその後も継続されており、2005年にはヤンバルクイナの分布域が国頭村のみとなり、個体数推定も発見当初の1800羽から720羽と半減しました。しかし、マングースのコントロールが功を奏して、ヤンバルクイナの分布域と個体数は近年次第に増加傾向にあります。マングースに関しては、2度とこのようなことが起きないように、沖縄島全島からの排除が望まれます。

（馬場孝雄・尾崎清明）

絶滅した鳥は世界で何種いる？

絶滅とされていた鳥が再発見されることも

絶滅には、たとえば日本産のトキは2003年10月10日に最後の1羽が絶滅したというように、国外の中国大陸には同種がまだ生息しているが、ある地域からは1羽もいなくなってしまった場合と、地球上のどこにも残っていない場合とがあります。後者が本当の意味での絶滅ですが、トキやアホウドリのようにそれぞれ1920年頃と1949年頃には絶滅したとされた種が、その後、再び発見されることもよくあります。そのため定義では、ある種が50年間どこからも見つからなくなった場合に、その種は絶滅したとすることにしています。

長い間絶滅したとされていた鳥でも、再発見されることがときどきあります。インド中部のモリコキンメフクロウは1997年に113年ぶりに再発見され、ニュージーランドのタカへは北島では絶滅していますが、南島の種（北島と南島のタカへは従来はそれぞれ種の中の地方型と考えられ、あわせて1種と考えられていましたが、現在はそれぞれ独立種と考えられています）では1948年に50年ぶりに再発見されています。また、フィージー諸島のハチマキムシクイは1894年以来絶滅したとされていましたが、1975年に別の亜種が記載されました。さらに1894年に絶滅したとされていた亜種は100年後の2003年になって再発見されています。

絶滅した鳥には、野生では絶滅したが飼育下では生存している場合もあります。このようなものには現在、野生では1987年に絶滅したグアム島のグアムクイナ、1980年代に狩猟により絶滅したブラジルのチャバラホウカンチョウ、バハ・カリフォルニア沖のソコロ島（メキシコ）で1972年に絶滅したソコロナゲキバト、ブラジルの森林で1990年から2001年まで雄1羽だけが生息していたアオコンゴウインコ、および絶滅したミヤコショウビンと同種とされることがあり、野生では1986年に絶滅したグアム島のアカハラショウビン、ハワイ島で2002年に絶滅したハワイガラスの6種が知られています。このうちグアムクイナは、本来は生息していなかった同じマリアナ諸島のロタ島とココス島に、飼育下から放鳥された少数が生息しています。

おしとどめられない絶滅鳥の増加

1500年以後に絶滅した鳥は、少なくとも161種いたと考えられており、1993年から2020年の27年間で10種の鳥が絶滅しました。近年は生物多様性の保全が叫ばれ、さまざまな保護施策が取られるようになり、実際に絶滅寸前の種がぎりぎりのところで絶滅を回避する事例も見られるようになりましたが、悲しいことにまだ多くの種が絶滅の方向に追いやられてゆく趨勢は止まることがないようです。

(茂田良光)

アホウドリのデコイ作戦
——乱獲と保全の歴史

組織的な採集、火山の噴火などで絶滅の危機

アホウドリは北太平洋に生息する海鳥では最大の大きさを誇り、体重は約6キログラム、羽を広げた長さは240センチメートルもあります。その一生を海で過ごし、海上では羽ばたかずにグライダーが飛ぶような動きで海面近くを悠々と飛翔します。私は1991年からアホウドリの繁殖地である伊豆諸島の鳥島に通うことがライフワークでした。すでに渡島は70回を越えました。当時鳥島では、アホウドリを呼び寄せて新しい繁殖地をつくるために、アホウドリそっくりの模型（デコイと呼ぶ）を90個以上も置いて本物のアホウドリ繁殖地のように見せ、鳴き声も自動的に流れるようにしていました。これがアホウドリデコイ作戦です。

その頃の鳥島には合計500羽くらいのアホウドリが生息していましたが、地球

上のアホウドリはこれでほとんどすべてでした。かつてアホウドリは日本近海に数百万羽も生息していたと推察されています。明治時代には鳥島のほかに、小笠原諸島、尖閣諸島、台湾澎湖諸島などで繁殖していました。しかし、明治20年代に鳥島で組織的なアホウドリ採集事業（羽毛採集）が開始されると、一攫千金を夢見る人間によってすべての繁殖地のアホウドリが瞬く間に獲り尽くされました。最も生息数の多かった鳥島ではこの期間に推定500万羽が殺されたとされています。

1930（昭和5）年に山階鳥類研究所の創設者である山階芳麿が鳥類学者として初めて鳥島に上陸し、アホウドリ調査を行っています。このときにはアホウドリの数は2000羽足らずに減っていました。山階はすぐに保護鳥指定への働きかけをしますが、数年後にようやく捕獲禁止の策がとられたときには、すでに数百羽しか残っていませんでした。鳥島ではその直後に火山の噴火があり、島民の引き上げ、戦争による軍隊の駐留と続き、アホウドリの情報は途絶えてしまいました。1949年に行われた調査ではついにアホウドリは1羽も発見されず、この地球上から消滅したと報告されました。

再発見されるも絶滅目前

しかし、1951年、鳥島に気象観測のために滞在していた気象庁職員により、鳥島の燕崎で十数羽のアホウドリが発見されました。まさに絶滅寸前でした。その後65年にふたたび火山噴火の危機があったために気象庁職員は引き上げましたが、それまで地道な保護活動が続けられ、山階鳥類研究所の研究員が鳥島に上陸しヒナに足環を付けるなどの調査を行っていました。51年の再発見のときには3羽だったヒナは、11羽が育つまでに回復していました。

その後無人となった鳥島では十分な保護対策がとられなくなりました。しかし、79年にはヒナ22羽、成鳥105羽が観察され、30年かかって10羽から100羽以上にまで増えたことが確かめられました。その後は東京都や環境庁（当時）による保護施策で、生息数は徐々に増えました。88年には80つがい、おそらく300羽程度にまで増えたと推測されました。

しかしこの頃、鳥島の営巣地が大雨による土砂被害を受けました。急斜面では植物がないため、卵や小さいヒナの転落などが増え、アホウドリの繁殖成功率は下がっていました。そのため再度の噴火があれば、致命的なものになると考えられました。将来的な視野に立ってアホウドリの保護を考えたとき、この危険な繁殖地だけを守っていても、いずれ限界がくることが予測されました。

アホウドリのデコイ作戦開始

一方、1971年に尖閣諸島の岩棚でも少数のアホウドリの繁殖が再確認されました。これで確認された繁殖地は2カ所になりましたが、尖閣諸島の営巣地は岩場で環境が悪く、飛躍的な増加は見込めそうにありませんでした。新たな繁殖地をつくる必要がある、それも将来安定した繁殖地となるような場所に。

条件は火山島でないこと、天敵のいないことです。小笠原諸島が最も近いが、どうやってアホウドリの繁殖地を移すことができるのか。小さいヒナを鳥島から運び、新たな島から巣立ちさせれば、ヒナが繁殖年齢に達したときに巣立った島に戻ってくるという計画が描けますが、費用がかかりすぎて現実的ではありませんでした、そこで、第1段階では、鳥島内で噴火の影響が少なく傾斜の緩やかな場所に営巣地を分散させるのが、実現可能な作戦であると考えました。

デコイに呼び寄せられたアホウドリ

91年11月、私たちはこの考えを実行すべく、アホウドリの実物大デコイ10個を鳥島に持ち込み、アホウドリがデコイにどう反応するのかを観察しました。小型のスピーカーを使って鳴き声も再生しました。複数の若いアホウドリが興味を示してデコイのそばに着地しました。鳴き声の出ているスピーカーをのぞき込む行動も観察され、反応は十分でした。

この結果を受けて、92年からは島の反対側に新繁殖地を設定し、デコイを設置しました。93年には音声再生装置も配置し、アホウドリの繁殖期間である10月から翌年5月まで、デコイとともに音声をセットで流すことにしました。狙いは繁殖開始年齢前の若いアホウドリの着地であり、若いアホウドリが同時に何羽も着地すれば、その中でつがいができ、そこで繁殖するようになるであろうというものです。その結果、アホウドリは期待通りすぐに飛来し、デコイの上空を旋回、着地しました（右写真）。

デコイ作戦の成果とこれから

以降、毎年1、2月に10日間の終日観察を行い、デコイ効果を判断することにしました。私たちは10年かけて10つがいくらいが繁殖するようになれば大成功という考えでした。

95年11月、ついに1つがいが新繁殖地に居つき、巣をつくって産卵しました。作戦開始からわずか5年目でした。この繁殖は成功し、96年6月に新繁殖地から初めてのヒナが巣立ちました。このつがいはその後も毎年新繁殖地に飛来し、産卵しました。10月から11月の産卵期には別の若いつがいも飛来し、滞在するのが観察されるようになり、終日観察では、同時に10羽以上のアホウドリの着地が見られるようにもなりました。

しかし、残念ながら、その後は新たなつがいの繁殖は見られず、2003年までは1つがいのままでした。この間、新繁殖地の1つがいから巣立ったヒナは合計6羽になり、そのうち3歳以上になった3個体が新繁殖地に姿を現していました。

その後、幸いに初寝崎の繁殖つがい数は２００４年に４つがいが観察され、以降年々増加し２０１７年までに３００つがいにまで増加しました。この間の年平均増加率は29・１％でした。そして、順調に増加することがわかった２００８年から２０１２年の５年間に70羽のアホウドリのヒナを鳥島から小笠原諸島聟島《むこ》にヘリコプターで移送し、人工飼育し放鳥しました。数年後には聟島でつがい形成が確認され、以後毎年少数のヒナが巣立ちするようになり、小笠原があらたな繁殖地となりつつあります。そして、２０２３年の鳥島のアホウドリ全個体数は７０００羽を超えたと推測されています。

また、鳥島では繁殖個体の詳細な観察を続けている中で、尖閣諸島から飛来している可能性のあるアホウドリが少数観察されるようになりました。これらの個体には識別用の足環がなく、鳥島個体に比較し小型でした。捕獲・計測・ＤＮＡ調査、及びロガーによる利用海域の追跡などが行われた結果、これら小型個体は鳥島のアホウドリとは遺伝的に異なることが判明し、別種として発表されました。遺伝的には尖閣諸島に生息するアホウドリと同じであることわかっており、新種「センカクアホウドリ」として分類されました。現在の尖閣諸島のアホウドリの状況は不明ですが、生息数は推定数百羽と考えられることから、新たな保全対策が急務となることは確かです。30数年前の鳥島のアホウドリ繁殖地で、どうやってこのアホウドリを増やそうかと悩んだ時と、同じ場面にまた遭遇したのです。

このアホウドリデコイ作戦が示すものは、単純ではありません。一面では、過去に犯した失敗のために後世の私たちがどれだけ穴埋めをしなければならないかということを物語っているのです。

そしてこのことは私たちにもう一つの課題を投げかけています。現在に生きる私たちも二度と取り戻せないような環境変更はすべきでないという戒めです。それにつけ、せめて1000羽くらいのアホウドリが残っていれば、デコイ作戦を行わなくてもよかったのにと思います。またこのような大型の海鳥を対象にデコイを用いた保全例は少なく、他の鳥類でも応用され始めています。

（佐藤文男）

人工衛星を使って調べるアホウドリの渡り

マグロ延縄漁による混獲を防ぐ

アホウドリは現在伊豆諸島鳥島と尖閣諸島に少数が繁殖するだけの希少種です。明治時代の羽毛採集による乱獲で、絶滅寸前まで追い込まれた後、70年間の保護の結果、現在ようやく7000羽を超える数にまで復活しましたが、現在でもアホウドリを取り巻く状況は決して安泰ではありません。

大型の海鳥、アホウドリの仲間は、陸上に上がると動きが鈍く、天敵のいる島では繁殖できません。また、海での索餌《さくじ》は積極的に生きている魚を捕るというよりも、弱っている魚やイカ、浮遊魚卵などを食べ、海の掃除屋的な生態を持っていると考えられています。このため、マグロ延縄船が投縄するえさ針を飲み込んでしまう事故が頻繁に起きています。特に南半球での日本漁船によるマグロ延縄漁におけるアホウドリ類の混獲は大きな問題となりました。延縄漁は南半球に限らず、世界のあらゆる海域で行われています。山階鳥類研究所のバンディングセンターに報告された北太平洋に生息する3種のアホウドリ類の回収報告の21・6%は、やはり延縄漁による混獲です。

アホウドリは未だに絶滅を免れたとはいえません。将来、人の保護の手を離れて生きていくには、1万羽といった数まで増えないといけません。それには現在アホウドリにかかっているリスクを少しでも減らしていくことが必要です。

大陸棚に沿った渡りルート、意外に近い索餌海域が解明

まず、アホウドリの混獲死を防ぐ必要があります。そのためにはアホウドリの海洋での行動を把握しておく必要があります。しかし、アホウドリの非繁殖期(5〜9月)の行動やヒナに与える餌の索餌海域はわかっていません。鳥島でヒナのときに標識を付けた個体の回収によって得られたデータがわずかにあるだけです。それによると、夏期の間は北太平洋で過ごしていることが示唆されています。

私は、環境省の調査で、1996年以来この問題を解決すべく、鳥島で10数羽の

北太平洋を広く移動するアホウドリ

アホウドリに人工衛星で追跡することのできる送信機を取り付け、その行方を追ってきました。装着はすべて繁殖の終了する5月初旬に行いました。

結果はやはりダイナミックなものでした。5月に鳥島を離れたアホウドリは、伊豆諸島を縫うように北上し、房総半島の東沖に移動します。ここから本州の太平洋側の沖を北上し、6、7月には北海道東沖から千島列島東沖を北上、その後、7、8月にはアリューシャン列島の西端(アッツ島付近)に到達し、そこからアリューシャン列島を縫うように東進し、9月にはアラスカ湾にまで達します。今わかっているのはここまでで、再び鳥島に戻るルートはまだ解明されていません。

実は渡りルートとも呼べるこのコースは、日本からアラスカまで続く、大陸棚に沿ったものでした。大陸棚の縁は、深海から湧き上がる湧昇流によって豊かな海洋生物の集積海域となっています。多くの漁場があるのもこうした海域です。アホウドリもこうした海洋生態系にきちんと組み込まれた生活をしていたのです。鳥島からアラスカ湾まで直線コースで移動した方が短時間で済むのに、そのようにはなっていませんでした。

ほかにもわかったことがあります。アリューシャンまでは一様な移動ではなく、1～2週間一つの海域にとどまり、再び移動し、次の海域でとどまるといった動きをしていました。北上を始めたアホウドリは最初、千葉・茨城県沖にとどまります。次は福島県沖です。そして宮城県金華山沖、岩手県三陸沖、北海道釧路沖、千島列島択捉《えとろふ》島沖などにとどまりながら北上していきます。これらの海域はいずれも優れた漁場として知られている場所です。外洋性の海鳥と考えられていたアホウドリの餌場は、意外にも案外身近な海域であったことが解明されたわけです。最も陸に近寄るときは岸から10キロメートルであることもわかりました。

また、アリューシャン列島では1カ所の海域（約100キロメートル四方）に数週間もとどまっていることがわかりました。餌場として利用しているだけでなく、もしかしたら換羽《かんう》（81ページ参照）を餌の豊富な海域で行っているのかもしれません。

繁殖期の餌場、巣立ったヒナの行方も少しずつ判明

その後、繁殖期の親鳥の索餌海域調査は環境省によって行われました。その結果、ヒナを持つ親鳥の餌場は本州太平洋岸の伊豆諸島から宮城県沖と広範囲であったものの、主要な餌場は伊豆諸島北部、房総半島沖、福島県沖であることが解明されました。これらの海域はいずれも黒潮奔流の北側に位置していました。また、鳥島より南や、伊豆半島から西側海域にはほとんど行かないこともわかりました。多くの個体が利用している伊豆諸島北部海域まで約1週間で行き来していることも判明しました。巣立ちヒナもGPSで追跡が行われました。親鳥たちよりも1カ月遅く鳥島を離れたヒナたちは南風に乗り、親鳥と同じ渡りルートである本州太平洋沖をゆっくりと北上し、アリューシャン海域に到達しました。またヒナの時に装着された

足環ナンバーによって、鳥島への帰還は早くて2歳、多くは3歳以降であることもわかってきました。この間ヒナたちは北太平洋を放浪していると考えられます。

今後、移動ルートのデータを一層積み重ねることによって、アホウドリが漁業混獲にさらされることを防げるようになるでしょう。

（佐藤文男）

プラスチックとアホウドリ

海面に漂うプラスチックを餌と思う

ペットボトルやカップ麺の容器などに代表されるプラスチック製品。世の中便利になりました。丈夫で安価なプラスチック製品はもはや私たちの日常生活に欠くことができないものになっています。

私たちが海水浴や遊びに出かけるような身近な海辺には、遊びに来た人たちが捨てていったのかもしれない釣り糸やお弁当の容器、空き缶やペットボトルなどが捨てられています。人がいればゴミが出る。人が近くに住んでいるのだから仕方ない。海岸や磯にゴミが落ちているのは当たり前になっています。しかし、このゴミ問題はヒトの住むところだけでの話として済まされるものではありません。単に見かけが悪いだけといったお気楽なことでは片付けられない深刻な問題を含んでいます。

プラスチックは人間がつくった工業製品で、石油や石炭を原料として科学的に合成された高分子物質です。「軽くて強い」、「腐らない」、「加工がしやすい」ことは、使う側にも製品をつくる側にも便利です。しかし、使われなくなってゴミとなった場合が厄介なのです。自然界にある物質ならば、放置されていても数年もたてば他の生物の餌になったり、土に戻っていったりと、いずれは自然界に戻っていきますが、化学的に合成された物質は容易には自然界に戻りません。分解されるまでには、数年から数百年もの時間がかかるのです。

東京から南へ約600キロメートル、太平洋に浮かぶ火山島鳥島は、地球上にわずか数カ所残された海鳥アホウドリの繁殖地の一つです。この鳥島には、翼を広げると約2・5メートルにもなる大型の海鳥アホウドリと、同じ仲間でアホウドリよりも少し小型のクロアシアホウドリが、毎年子育てのためにやってきます。

絶海の孤島とゴミの組み合わせは想像がつきにくいかもしれませんが、201ページの写真はクロアシアホウドリのヒナが吐き出した餌の中に含まれていたプラスチックの破片で、親鳥が魚や魚卵と一緒にヒナに与えてしまったものなのです。アホウドリの仲間は海で餌を探します。海の上に漂っている魚の卵やプランクトン、海表面へ上がってきた魚を餌としています。魚卵を採っていてもその周りにプラスチックの破片が浮いていればそれらも一緒に口の中に入ってしまいます。アホウドリのヒナたちは、巣立つまでの約4カ月間、親鳥が海からとってきたこれらの餌を食べて大きくなるのです。昔はプラスチックのような、自然界で分解できない物質は海の上にはほとんどありませんでした。海の上にふわふわ漂っている小さい物は、彼らにとってはほとんどが食べ物だったのです。

孤島のアホウドリも海洋汚染にさらされている

プラスチックの破片を食べてしまったヒナはどうなってしまうのでしょうか。餌の中に混じっていたプラスチックが消化官で詰まって死亡した例や、プラスチックが原因で胃壁に潰瘍《かいよう》ができた例などがすでに報告されています。さらに、マイクロプラスチックと呼ばれる直径5ミリ以下の小さいプラスチックはアホウドリだけでなく、さまざまな生物の体の中から見つかっています。人間が便利さを追求していく過程でつくり作り出した物質によって、生命の危険にさらされている生き物がいるのです。

持続可能な社会構築のための国際目標として提唱されたSDG'sが2015年の

クロアシアホウドリのヒナが吐きだしたプラスチック類

国際会議で採択されました。この目標のひとつ「海の豊かさを守ろう」の中に海洋プラスチック問題が取り上げられています。私たちの生活に不可欠となってしまったプラスチック。悪いとわかっていても便利なものはそう簡単にはなくせません。それでも海にくらす生き物のこと、地球の未来のために「これ、プラスチックでなくてもいいんじゃない?」と日々の生活のなかで、こんなことから考えてみてもよいのではないでしょうか。

（鶴見みや古）

鳥にやさしいシェード・コーヒー

階層構造のある林で育つ「樹下栽培コーヒー」

北アメリカの鳥類研究者やバードウォッチャーの間で、シェード・コーヒーと呼ばれる種類のコーヒーへの関心が高まり始めてから20年以上になります。１９９０年代中頃からいくつかのウォッチャー向けの雑誌にシェード・コーヒーに関する記事が掲載されてきましたが、２０００年になって研究者団体であるアメリカ鳥学会も、学会の論文誌の巻頭にシェード・コーヒーの解説記事を掲載しました。シェード・コーヒーっていったい何なのでしょう？　鳥とどんな関係があるのでしょうか？

コーヒー豆の採れるコーヒーの木はアフリカ原産で、もともと直射日光が少ない林床に生育する低木です。メキシコから中央アメリカやカリブ海の島々のコーヒー園では伝統的に、複数種の樹木が生育する林の林床でコーヒーを栽培してきました。農民はコーヒーを主要な収入源としながら、林の中層、高層部にも有用樹木を植栽

サン・コーヒーの栽培

シェード・コーヒーの栽培

して、フルーツやナッツ、薬用植物などを採取して副収入としたり自家消費したりしてきたのです。こうして栽培されたコーヒーがシェード・コーヒーまたはシェード・グロウン・コーヒーと呼ばれるものです。「樹下栽培コーヒー」とでも訳せるでしょうか。

しかし1970年代以降、品種改良によって直射日光に耐える品種が作出され、高層と中層の樹木を取り払い、低木のコーヒーのみを密植して単位面積当たりの収量を増加させようという「近代化」が図られました。こうして栽培されたコーヒーを、シェード・コーヒーに対してサン・コーヒーと呼びます。「日光栽培コーヒー」とでもいえるでしょうか。

サン・コーヒーの増加と夏鳥の減少

ところで、こういったお話が鳥とどう結びつくのかというと、実は、中央アメリカや西インド諸島でサン・コーヒーへの転換が大々的に進行するのと時を同じくして、北アメリカの夏鳥たちが大きな減少を見せたのです。これらの夏鳥は、夏に北アメリカに渡来して繁殖し、冬は西インド諸島や中央アメリカに南下して越冬するアメリカムシクイやタイランチョウの仲間などです。

そこで行われた調査の結果、シェード・コーヒーの農園は、これらの鳥の越冬環境として極めて重要であることが明らかになりました。高木から低木までの複数の階層構造があり、各種の昆虫などが生息し、さまざまの花が咲き、果実が実る農園は、鳥類をはじめとする多くの生物の生息環境となっていたのです。これに対してサン・コーヒーの農園はコーヒーの単一栽培のため、生息する生物の種は非常に乏しいものでした。

またシェード・コーヒーの農園は、おのずから有機栽培になっている点も大きな特徴です。シェード・コーヒーの農園では、高木として植栽されているマメ科植物が窒素固定により天然の肥料を供給するほか、林の落ち葉もそのまま肥料となります。そして鳥類が多いので、特定の害虫の大発生が防がれます。これに対して、サン・コーヒーの農園は、殺虫剤、除草剤、化学肥料などの大量投与が必要不可欠です。コーヒーの収量は上がりますが、経費も大幅に増加し、農民が借金に縛られるという指摘もされています。

アメリカの、そして日本の消費者は

中南米諸国で土地の開発が進み天然林が減少する中、コーヒー園は地域によっては全耕地面積の50％にも達するといわれ、シェード・コーヒーからサン・コーヒーへの転換が鳥類その他の生物にとって大きな打撃となることが明らかになってきました。そこで、コーヒー好きのアメリカ人の中に、店でシェード・コーヒーと明記された商品を特に選ぶことで、国境を越えて行き来する小鳥たちを守ろうとする人たちが出てきたのです。

日本に住む私たちも、東南アジアなどの農林水産物を消費して生活しています。私たちが消費する木材、エビ、バナナなどのために東南アジアの自然環境は大きく改変されており、他方で日本でも東南アジアまで渡る夏鳥の減少が大きくクローズアップされています。鳥好きにとっても一般の消費者にとっても、アメリカのシェード・コーヒー問題は遠い国のできごとではないと思います。

（平岡　考）

ダイトウウグイスの復活

沖縄の森で見つけた茶色ウグイス

初めて見る褐色のウグイスは何ウグイス？

1975年冬、私は沖縄島北部の林で冬を越している小鳥類の調査をしていました。林にかすみ網を張り、捕獲した鳥に標識を付け、性別や年齢を判定し、体の各部位を計測して放すといったものです。特に注目していたのはウグイスでした。ウグイスはシベリア南部、サハリン、中国、朝鮮半島、日本、ルソン島などに広く繁殖分布するウグイス科の種で、8亜種に分類されています。カラフトウグイス、ウグイス、イイジマウグイス、トリシマウグイス、オガサワラウグイス、ダイトウウグイス、リュウキュウウグイス、サイシュウウグイス。亜種は種の下に位置付けられる分類の項目であり、多くは地域個体群において独自の進化を続けた結果、他の地域個体群とは異なった形態や生態を持つようになったものをいいます。沖縄にはこれらの亜種のいくつかが冬を越すために渡ってきている可能性がありました。

調査を開始すると、多くのウグイスが捕獲されました。そして捕獲したウグイスは2タイプに分けられそうだということがわかってきました。一つは私たちが本州の山地で夏に見かけるウグイスと同じ全身灰緑色の、いわゆる鶯《うぐいす》色をしたウグイス（A型とする）、もう一つは、全身茶色で頭頂部の羽が赤褐色のウグイス（B型とする）です。B型タイプの色のウグイスは初めて見るものでした。捕獲したすべてのウグイスを詳細に計測したところ、この2型には色のほかにも嘴《くちばし》の形と大きさに大きな違いがあるようでした。茶色のB型は、本州に生息する普通のウグイスよりも太くて短い嘴を持っていました。

研究所に戻り、ウグイスについて分権や収蔵標本を調べると、意外なことがわかってきました。沖縄島にはリュウキュウウグイスという亜種が分布しています。しかし、リュウキュウウグイスのタイプ標本（亜種として原記載に用いられた標本）は焼失して存在せず、文献（記述）しか残っていませんでした。その特徴を記した内容や計測値を見ると、体色は灰色、計測値は本州のものに近く、標本が沖縄で採集された時季はすべて冬でした。するとA型はリュウキュウウグイスの記述に合います。しかしB型はどの亜種なのか、該当亜種が見当たりませんでした。

気になる南大東島で絶滅したウグイスの存在

このとき、もしやこれは調査を進めれば、新亜種の発見など非常にわくわくするような研究になるのではないかという気がして、次のような仮説を立てました。

黒田長礼《ながみち》博士（1925年）がリュウキュウウグイスとして記載したウグイスは、実は沖縄より北の地域で繁殖するウグイスであって、沖縄島で越冬中に採集された。それが誤って沖縄で繁殖する新亜種として発表されたのではないか、というものです。そしてB型は黒田博士が沖縄のウグイスを調べたときにはいなかったか、偶然採集を逃れ、今日まで発見されなかった亜種であると考えたのです。私は繁殖期の沖縄で夏に本州で聞くような「ホーホケキョ」と鳴くウグイスの声を聞いたことはなく、ただし春に「ホーホケチョン」と鳴く、変な声のウグイスがいることを知っていたからです。

一方で、気になる亜種の存在がありました。沖縄島の東海上に浮かぶ孤島、南大東島で1922年10月に2個体が採集され、23年に命名された「ダイトウウグイス」の記述（この標本も焼失している）が、あまりにもB型ウグイスと似ていたのです。

ダイトウウグイスはこのとき以外には採集されておらず、現在では絶滅したものと考えられています。しかし、もしかしたらB型ウグイスとダイトウウグイスは同じものかもしれません。このときは気付かなかったのですが、その後、山階鳥類研究所所蔵の沖縄島採集標本の中に、B型ウグイスが3個体混ざっていたことがわかりました。しかし、なぜか当時はこの色の違いは問題にされなかったようです。1個体は1909年の採集であり、これはダイトウウグイスの学会発表の前に、ダイトウウグイスによく似たウグイスが沖縄島にもいたことになる証拠でした。越冬期の採集記録なので当時は南大東島から冬の間に渡ってきていたとも考えられますが……。原記載の標本は10月採集であり、逆に沖縄島で繁殖していたB型が冬に南大東島に渡っていた可能性もあったのでは、と考えると、いずれにしてもB型は限りなくダイトウウグイスである可能性が出てきました。

しかし、このときの沖縄通いの調査は「ヤンバルクイナ」発見の手がかりを偶然につかんでしまっていました。そしてダイトウウグイスの問題以上にはるかに胸躍る新種発見へ時間と費用が投入されることになりました。謎のB型ウグイスの追跡は胸の奥にくすぶりを残したまま立ち消えてしまいました。

ダイトウウグイス復活

しかし20年以上経って、若い鳥類研究者がこの問題を引き受け、やっと謎解きをしてくれました。標本や記述、捕獲したウグイスの詳細な各部計測値などをさまざまな角度から検討し、現在沖縄島に周年生息するB型ウグイスは、絶滅したとされるダイトウウグイスである可能性が極めて高いという結論を導き出したのです。また、2003年春には、別の研究者が南大東島で繁殖しているウグイスを発見し、その個体の特徴が記載にあるダイトウウグイスのものであったというニュースが流れました。ここに、絶滅したとされていた亜種ダイトウウグイスが復活をとげたことになりました。

やっと私の長いもやもやが晴れました。ただ、屋久島から与那国島まで広く分布していることになっている「リュウキュウウグイス」はどうなったのでしょうか。この島々には現在夏の間はウグイスがいないのでしょうか。もしいるとしたら、それはA型？　B型？　それともC型……？。

（佐藤文男）

新種なのか雑種なのか？
カンムリツクシガモの発見物語

発見された剝製は新種といえるのか？

カンムリツクシガモは、今でこそどんな日本産鳥類図鑑にも日本の絶滅鳥として登場しますが、この鳥が正式な種として学界に認められるまでには、紆余曲折がありました。

我が国の鳥類学の草分けともいえる黒田長礼《ながみち》博士は、1916年12月に朝鮮半島釜山《プサン》近くの洛東江《ナクトンガン》で採集された未知のカモ類の剝製を、釜山の剝製屋の棚の片隅で見つけました。さっそくそれを買い上げ、東京に戻って調査しましたが、やはり既知のカモ類ではないとの結論に達しました。そこで黒田博士は、1917年にこのカモを新種カンムリツクシガモとして日本鳥学会誌に論文を発表しました。標本では性別が不明でしたが、便宜上、雄の成鳥として扱いました。

黒田博士はこの論文を英国のハータート博士に送りました。するとハータート博士は、黒田博士の論文と全く同じ羽色のカモが1890年1月14日のロンドン動物学会の例会で展覧に供されたこと、発表者は大英博物館のシュレーター氏で、コペンハーゲンのルッテン博士より同定を依頼された標本であったこと、そしてこの標本は1877年4月にウラジオストック付近でイルミンガー大尉によって採集されたものであったこと、さらに、シュレーター氏によってこのカモはアカツクシガモとヨシガモとの雑種であろうと結論付けられ、石版手彩色の美しい図版を附してロンドン動物学会報に報告されていることを知らせてきました。そして最後に、「もしこの鳥が新種であるならば、複数の個体が採集されなければならず、かつすべての個体の形態、色彩が同じでなければならない」と結ばれていました。

カルタや絵巻の絵から新種と証明

ここで、このカモが新種であるのか、あるいは雑種個体であるのかが問題になったのですが、このとき江戸時代の鳥類図譜などによって、思いがけない局面が展開しました。内田清之助博士は、松平子爵家が古くから所蔵している「鳥づくし」歌

山階鳥類研究所所蔵のカンムリツクシガモの標本（手前が雄で奥が雌）

留多の一枚の朝鮮鴛鴦《チョウセンヲシ》がカンムリツクシガモの姿にとてもよく似ていることから、黒田博士の標本が古名チョウセンヲシというカモではないかと推測しました。歌留多の絵と黒田博士の標本との頭部の羽色の違いは、この鳥の雌雄の違いであろうと考えました。さらに、『観文禽譜』という江戸後期の鳥類解説書の「朝鮮ヲシ鳥」の記載が、カンムリツクシガモの羽色とピッタリ一致することを示しました。

　これとほぼ同時に、カンムリ

ツクシガモが、江戸時代の図譜にいくつか描かれていることが明らかとなりました。島津重豪（薩摩藩八代藩主）が写生させたといわれ、黒田家に伝わる絵巻の中にもこのカモが見つかり、島津家から松平家に伝えられた絵巻の中にも、文政6年（1823年）に北海道亀田で捕らえられた写生図（カメダガモ）などが相次いで見つかりました。これらの図には、雌雄が正確に描かれており、カンムリツクシガモが雑種のカモではなく、独立の種つまり新種であるとの傍証が続々と集まりました。そして、1913年か1914年に朝鮮半島で捕らえられていた雄の標本が発見されるに及んで、カンムリツクシガモが新種であることが証明されました。

カンムリツクシガモの標本は現在3点が知られており、第1標本（雌）はコペンハーゲンの博物館が所蔵し、黒田長礼博士の旧蔵した第2標本（雌）と第3標本（雄）は、いま山階鳥類研究所の標本室の貴重標本保管庫の中にあります。

（柿澤亮三）

幻の絶滅鳥
ミヤコショウビンの謎

ただ1羽の記録しかないのはおかしい？

日本のバードウォッチャーならば、絶滅鳥ミヤコショウビンの名前はきっと知っているでしょう。カワセミ科のこの鳥について、図鑑には次のように書いてあります。

「世界でただ1羽、1887年2月に南部琉球の宮古島で採集されただけである」
(『フィールドガイド日本の野鳥』高野伸二　日本野鳥の会)

そう、この鳥は世界でただ1点の標本が残っているほかには、その前にも後にも採集記録はおろか、観察記録、撮影記録もないまま絶滅してしまった幻の鳥なのです。

この鳥についてはしかし、疑問を呈する研究者もいます。そもそも鳥は複数の個体がいなければ生き残っていけないので、最後の1羽の採集と同時に絶滅ということはなくはないにしても、それ以前に観察例はおろか言い伝えすらないのは考えづらいことなのです。

ミヤコショウビンに近縁なことが知られているのは、太平洋、マリアナ諸島に属するグアム島に分布するアカハラショウビンという種で、ミヤコショウビンとこの鳥の形態的な違いはごくわずかです。研究者の中には、ミヤコショウビンはアカハラショウビンそのもので、宮古島には迷って飛んできたのではないかとか、標本の取り違えがあってラベルが間違っているのではないかと疑う人もいます。

新種発見は間違いだったのか？

実は、ミヤコショウビンの発見のいきさつには、確かに間違いの入り込む余地があったのです。

この鳥は、日本の鳥類研究の草分けの一人、黒田長礼《ながみち》が1919（大正8）年に東京帝大の動物学教室に標本として保存されているのを発見して新種として発表しました。黒田が発見した当初、標本のラベルには「田代安定氏採集、二月五日、八重山産？」とだけあったので、黒田は当時台湾に在住であった田代安定に問い合わせて、「1887（明治20）年2月5日、宮古島での採集品」という連絡を得ました。新種の発表にはもちろんこの採集データが使われました。ですが、ここに後世の我々から見るととても危険な落とし穴がひそんでいます。

これについて、国立科学博物館で鳥類の分類学を研究した森岡弘之は次のように推理しています。田代安定は熱帯植物学の権威で、沖縄をはじめ太平洋各地の島を調査のために訪れていました。田代はおそらく黒田の問い合わせに対し、2月5日に八重山にいたのは1887年のことだと自分のノートを見て答えたのでしょうが、そこにはこれこれの鳥の標本を採集した（あるいは譲り受けた）という記録まではなかった可能性があります。30年ほども前のことを聞かれて、すでに記憶にないことをノートを頼りに答えたとすれば、何か間違いが入り込んでも不思議ではありません。

この推理に基づいて調べてみると、実は、この3年後の1890年2月5日には、彼はアカハラショウビンの生息地であるグアムにいたことがわかりました。ことによると彼は、グアムで鳥を採集したり標本を譲り受けたりしていたのかもしれません。

ミヤコショウビンの謎の研究は、今後、田代安定の事跡の探究、アカハラショウビンとの差異に関する形態学的な研究とDNAによる研究の3ルートが考えられます。ミヤコショウビンの形態に関しては限りなくアカハラショウビンに近いといえますが、ミヤコショウビンの標本の傷みを考えると、あまりあれこれいじくりまわして調べるのは難しいかもしれません。田代の事跡については今から100年以上も前のことだけに、グアムで鳥の標本を入手したかどうかという細かいところまで調査するのはきわめて難しいように思えます。今後最も有望なのは、標本からごく一部の組織を採取してDNAを取り出し、アカハラショウビンとの差異を探すことでしょう。

(平岡　考)

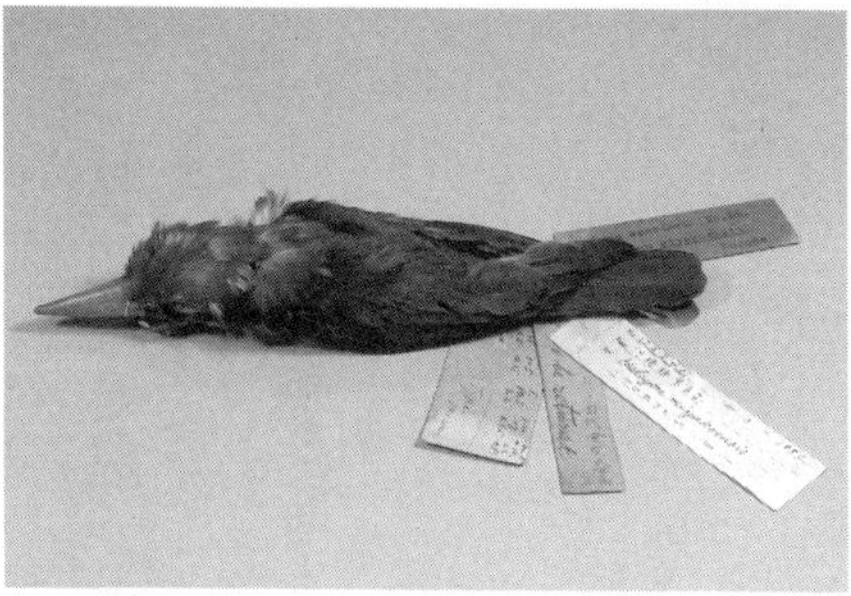

世界で唯一のミヤコショウビンの標本。太平洋戦争前に東京帝大より山階鳥類研究所に移管された。嘴の鞘は脱落し、骨が見えている

住宅地を騒がせるムクドリの集団ねぐら

近郊住宅地の並木に集団で眠るムクドリ

夏から秋の夕方、大都市近郊の住宅都市の並木に、たくさんのムクドリが集まってくるところがあります。騒音や糞による公害として問題になり、新聞やテレビなどでも取り上げられることがあります。これはムクドリが集団でねぐらをとるためで、ねぐらという言葉通り、ムクドリはその街路樹で夜を過ごすのです。集まる個体数は数千から数万におよび、ねぐら入りの喧騒はたいへんなものです。

ムクドリが集まって眠るのには理由があると考えられます。最も大きい理由は、やはり安全のためでしょう。タカやフクロウが襲って来たとき、群れでいた方が目の数が多いので、早く気付くことができ生き残る確率が高まるでしょう。そして、1羽のタカが来たとき、こちらも1羽でいれば絶体絶命ですが、こちらが1000羽でいれば、仮に必ず1羽がやられるとしても自分がやられる確率は1000分の

夕方になると、日中、耕地などで2羽とか数羽の小群で昆虫をついばんでいたのが集まってくる

1になり、危険はずっと薄まります。また襲うタカにしてみると、1羽で逃げる鳥と群れで逃げる鳥では、群れで逃げる鳥を追いかけて捕食するほうが難しいといわれています。人間がテニスボールをキャッチするときに、10個一度に投げられた方が、1個だけ投げられたときよりかえってキャッチしづらいのと同じなのです。もちろん群れでいさえすればいいのではなく、よく繁った木など安全な場所をねぐらに選ぶことが重要です。

集団ねぐらで情報交換?

鳥が集団でねぐらをとるのは、昼間

行った餌場の情報交換をしているのだという「情報センター仮説」を主張する研究者もいます。情報交換といっても、言葉で「今日の餌場はよかった」と話しているというのではありません。昼間よい餌場を見つけた個体は、満腹度が微妙な行動の差に出て、翌朝また同じ餌場に飛び出して行くのにも自信がある様子なのでそれとわかるということでしょう。前日満足に餌を食べられなかった個体は、そういった前日満腹できた個体について行くことができるので、ねぐらに集まるというのです。

ムクドリでこのことを調べた研究はありませんが、ムクドリの場合はこの説はあまりあてはまらないように思えます。ムクドリはサクランボなどの果実も食べますが、耕地の地面にいる昆虫などを地道に食べているので、一獲千金の大きな餌場はない代わりに全くの空振りもないはずで、翌日の餌場のためにわざわざ大群をつくる必要はないと思われます。一般に、情報センター仮説が成り立つ群れの例というのは、さほど多くないのではないでしょうか。

立地条件は田園地帯に近いにぎやかな通り

ムクドリが集まる場所には、共通の特徴があるようです。周辺には田園地帯が広がっていること、にぎやかな通りであること、立派な街路樹があることなどです。田園地帯は昼間の餌場となるので、田園地帯が遠くては、どんなに立派な街路樹があってもねぐらはできません。立派な街路樹を選ぶのはやはり安全のためと考えられ、背の高いよく繁った木を好むようです。なぜにぎやかな通りを選ぶのかはよくわかりませんが、やはり人間の活動している場所は捕食動物が寄り付かず安全なのかもしれません。

こうして見てくると、ムクドリがねぐらに使うのは、環境のよさと人間の繁栄の証が揃った場所です。それだけに、ムクドリが糞害や騒音公害といったことで人間の嫌われものになっているのは残念なことです。

（平岡　考）

東京都心に戻ってきた飛ぶ宝石カワセミ

カワセミの都心からの衰退と復活

青や緑に輝く背と、鮮やかなオレンジ色の胸を持つカワセミは、「飛ぶ宝石」とも呼ばれる美しい鳥です。スズメくらいの大きさで、長い嘴《くちばし》と大きな頭、短い足という独特の体型をしています。川や池の魚をダイブして捕まえて食べ、繁殖は、切り立った土壁に穴を掘って4～7個の卵を産み、雌雄協同で子育てを行います。

かつては東京都内の水辺でごく普通に見られ繁殖していたこの鳥が、急速に都心からその姿を消していったのは、１９６０年代、日本がちょうど高度経済成長期に入り、環境汚染が問題になってきた頃のことでした。１９７０年までには生息域は多摩川の上流にまで後退し、東京周辺でも観察するのが難しくなってきました。カワセミの都心からの衰退については、カワセミの生息地の環境汚染やそれにともなう餌となる小魚の減少、河川改修などによる営巣地となる土の崖の喪失などが要因として挙げられています。

　しかし、1970年代中頃に入り、カワセミの生息域が東京23区内に再び戻ってきたのが確認されるようになり、都心の緑地での繁殖も報告されるようになってきました。この都心へのカワセミ復活の背景には、農薬規制による環境改善や、餌として環境汚染に強いモツゴ等の小魚が増えたことのほか、地面に掘ったゴミ溜め用穴の土壁にも営巣するなど、カワセミ自身の適応力の高さも作用しているのではないかといわれています。

すっかり身近な鳥になったカワセミ
（写真＝西巻 実）

都内のあちらこちらで繁殖を確認！

　1994年にまとめられた東京23区別カワセミの生息状況によると、90年代前半には17区においてカワセミの出現が記録され、6区で繁殖が確認されています。都心の中心部である千代田区皇居では、92年から皇居内で繁殖す

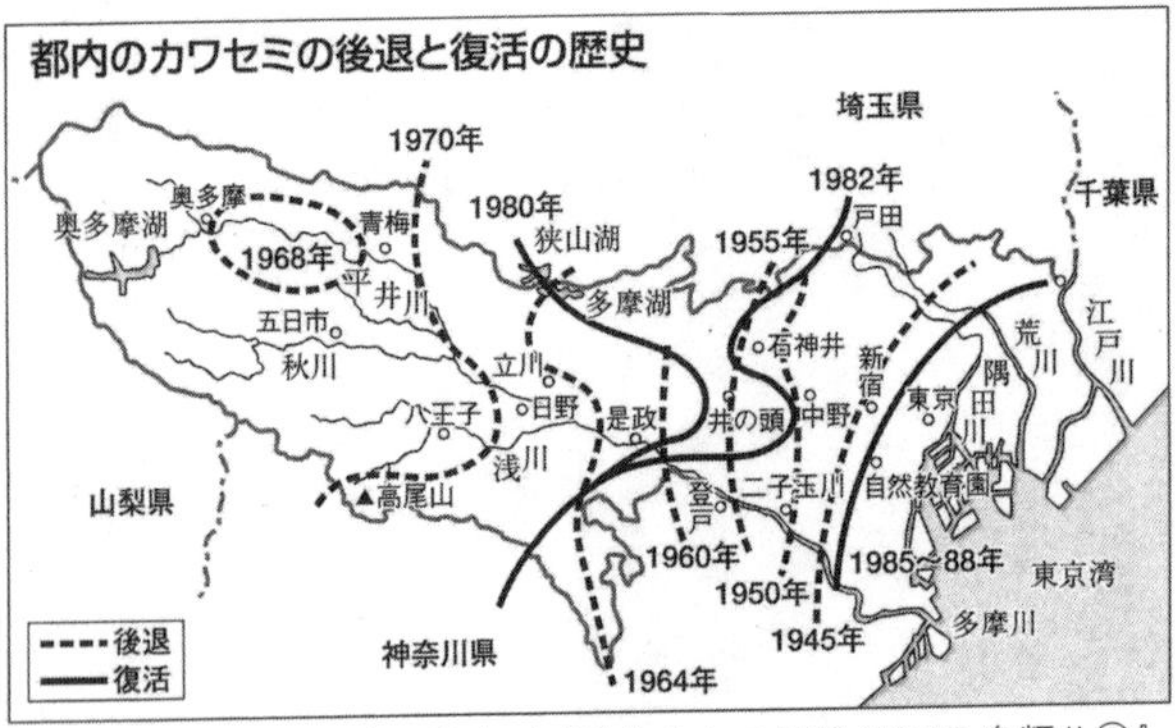

（原図：松田道生・金子凱彦／『動物たちの地球 NO.27 鳥類Ⅱ③』朝日新聞社）

るカワセミの親鳥や巣立ちヒナへの標識調査を行ってきましたが、２０００年には、皇居内で繁殖した親鳥が、その後20キロメートル以上離れた都内の別の場所で再び繁殖を行っていたことが確認され、都心のカワセミが都内を広く行き来しながら繁殖場所を確保していることがわかってきました。

年月を経て東京都心部に戻ってきたカワセミが、再び姿を消してしまうことのないためにも、都内全般の緑地環境がよく保たれ、安定した営巣環境が確保されることが大切だと思われます。　（黒田清子）

都会生活もOK？　都市で巣づくりする鳥たち

巣の材料や生活パターンまで都市に順応

鳥は、その好き嫌いは別として、昆虫の次に街中で目にする生き物です。鳥類は、卓越した飛翔能力で地球上に繁栄していますが、この飛翔能力とともに、環境に上手に適応するしたたかさも、鳥類が繁栄した理由の一つといえるでしょう。

明治以降、都市周辺から多くの野生生物が姿を消しました。それは、狩猟、急激な都市化による森林などの減少、公害の影響などが原因と考えられています。確かに現在は昔に比べて都市近郊で見られる野鳥の種類は減っています。しかし意外なことに、1980年頃からでしょうか。いったん姿を見せなくなった野鳥が再び街中に進出してきているのです。これはなぜなのでしょう。

昭和40年代から50年代のいわゆる高度経済成長時代、何よりも経済活動が優先された時代では、さまざまな公害問題が生じ、「こんなところに住みたくない。住め

都市環境に適応して繁殖するハシブトガラス（写真＝柴田佳秀）

ない」といった環境が大都市周辺をはじめ各地で見られていたことは確かです。さらに、生活が豊かになって、人々がゆとりを持った生活や住みやすい（利便の追求ではなく）環境を求める気持ちが強くなってきたことも関係するのでしょう。「環境保全」、「街に緑を」、「鳥と人との共存」といった都市環境の見直しの成果の一つが、鳥たちの都市での巣づくりにも現れてきているのかもしれません。しかしこういったことだけではなく、鳥たちが持つ環境への適応力の高さも鳥が都市に進出してきた一因であると考えられています。

都市で繁殖する鳥類としては、20年ほど前にはツバメ、スズメ、ハクセキレイ、キジバト、チョウゲンボウ、シジュウカラ、ヒヨドリ、カワウ、オナガ、ハシブトガラス、カルガモなど多くの種類が確認されていましたが、それ以降もオオタカやツミなどの猛禽類、カワセミやイソヒヨドリといった都市部では珍しいとされる野鳥が「こんな場所で？」といった街中で繁殖が確認されています。彼らは人間がつくった構造物（ビルや鉄塔など）を巣づくりの場として選択し、巣材として利用できる人工物（針金やビニールテープなど）を活用し、さらに人間の生活パターンに順応（たとえば繁華街で夜も餌を運ぶツバメ）して、したたかに生活しています。案外彼らは「街中の子育ても結構便利で安全よ」なんて思っているかもしれません。

鳥と人の『共存』のために

しかし、いいことばかりではありません。餌を追いかけて窓ガラスに衝突、巣立ったばかりのヒナが車に轢《ひ》かれてしまうといった、かつての繁殖地ではめったに起こらなかった事故、巣をつくった場所が人の邪魔になってしまい撤去されるといった、人間との共存ができなかったために起こってしまうアクシデント、鳥にとって都市での暮らしは決して楽なことばかりではないはずです。

都市で巣づくりする鳥だけでなく、人と鳥が都市で共に生活していくことはそれほど簡単なことではありません。最後に、都市に暮らす鳥の生態を研究している方々が発行している雑誌『Urban Birds』の中で、前農業研究センターの中村和雄先生が述べている辛口の一文をご紹介します。鳥の存在が人間に不都合であった場合の処置（巣やねぐらを撤去することなど）について、「（前略）鳥の側にだけ犠牲を要求するのではなくて、われわれも犠牲を払うことがなくては『共存』は成り立たないのである」。犠牲という言葉が適切かどうかはわかりません。それでも私たち人も、共に地球に生きる生き物として、鳥を含む生き物に対しての寛容さを持つことが必要ではないでしょうか。

（鶴見みや古）

日本の里山を変える中国産野鳥の繁殖

放鳥されて繁殖したガビチョウ、ソウシチョウ

近年、ガビチョウとソウシチョウという中国の野鳥がわが国で繁殖を始め、猛烈な勢いでそのエリアを拡大しています。東シナ海を渡って来たのではなく、人の手によって放鳥されたものが日本で繁殖するようになったと考えられています。

ガビチョウはムクドリほどの大きさの鳥で、本来は中国南部、台湾、ベトナム北部に分布します。日本では1990年代の初めから目撃情報が出始め、現在は九州北部、四国の一部、長野・山梨・神奈川から宮城県南に至る一帯の林に広く繁殖しています。標高1000メートル以下の林でササ藪《やぶ》の多い林を特に好むようです。

ソウシチョウは中国南部からヒマラヤ西部まで広い分布域を持つウグイスほどの大きさの小鳥で、日本では1980年代から野生化した個体が確認され始め、現在は

九州北部、兵庫県、伊豆半島、富士山、丹沢、秩父山地、筑波山地域の標高の高い山地で繁殖しています。繁殖地の代表的な植生は、ブナ林とスズタケの群落です。冬には標高の低い山地に移動しているようですが、冬の生息環境もやはりササ藪です。

なぜ、この2種が日本に放鳥されたのか、それはこの2種が中国ではとてもポピュラーな飼い鳥であることが関係しています。ソウシチョウはたいへん美しい声でさえずり、嘴《くちばし》が赤く、体は緑色のきれいな鳥です。ガビチョウは姿と色は茶色で地味ですが、とても大きな声で四季を問わずよくさえずります。こうしたことから飼い鳥として、ある時期大量に日本に輸入されたと考えられます。しかし輸入業者が仕入れたこの2種が日本ではあまり人気がなく、その結果捨てられたのではないかと推測されています。とはいえ確かな証拠はありません。

日本の「ササ藪」に適応。影響を懸念

実は日本で繁殖する鳥類の移入種はこの2種だけではありません。東京都内で繁殖するインド産のワカケホンセイインコ、狩猟鳥として意図的に放鳥が繰り返され

たコジュケイやコウライキジもあります。ほかにもハッカチョウ、キンパラ、ベニスズメ、コブハクチョウ、シジュウカラガン、身近なものではドバトもそうです。

これらの鳥が籠から出た理由は種類によって異なるようです。しかし、これまでどの種も、かなり限られた環境でしか繁殖できず、自らの力で分布域を拡大した移入鳥類はほとんどいません。日本の環境に適応できなかったということなのでしょう。

しかし、ガビチョウとソウシチョウはあっという間に日本の山地に侵入をはたし、すごい勢いで繁殖エリアを拡大しています。進出を可能にしたのは、どこにでも見られるササ藪の存在でした。実は日本では低山からブナ帯までの林のササ藪を繁殖地として利用する鳥種は少なく、ウグイスくらいしかいないのです。ガビチョウは体の大きさがウグイスとは異なり、餌も地上でとるので、ウグイスと争うことなくササ藪を利用できます。ソウシチョウもウグイスよりわずかに体が大きく、また、巣はササの先端部につくります。こうした違いがウグイスとの共存を可能にし、日本の山地に侵入できたのではないかと考えられています。

しかし、今までいなかった種が侵入し始めたとき、そこで何も起こらないはずはありません。今は私たちが気付いていないだけで、ササ藪の中では、かなりまずいことが起きているのではないかと、気になってしかたありません。

またソウシチョウは冬になると積雪のない低山帯のササ藪に移動してきていることがわかっています。これは日本の環境に適応し、今後も分布を拡大する可能性が大きいといえます。一方ガビチョウは地上で採餌することが制御要因として働くのか、冬に積雪の見られる地域への侵入をはたせないでいるようです。そのため、根雪の現れる地域が分布限界となるかもしれません。

ガビチョウは2023年現在、本州太平洋岸の宮城県から愛知県までの12県に、西日本では島根県、福岡、佐賀、長崎、大分、熊本、宮崎の7県に分布し、生息面積は拡大しています。ソウシチョウは2023年現在、山形県及び茨城・福島・群馬・長野・岐阜・福井県以南の本州（千葉県の除く）、四国、九州全域に分布し、生息面積は拡大しています。

（佐藤文男）

アリスも知らなかったドードーの運命

島でのどかに暮らしていたドードー

「私はこの会議を解散し、ただちにより効果的な方策を採用することを提案します」。これは『不思議の国のアリス』の中でドードーが発言した言葉です（福島正実訳 角川文庫）。丸くて太っていて、ちょっと厳格なご隠居然として登場するこのドードーは、作者ルイス・キャロルがつくった想像上の生き物と思いきや、インド洋マスカリン諸島のモーリシャス島に実在した絶滅鳥なのです。

この鳥が暮らす島には、ドードーを襲って餌とする生き物はおらず、彼らは落ちた木の実などを食べて生きていました。そのためか、のんびりした生活が長く続くうちに、この鳥の翼は退化していきました。高い木に登って餌をとったり、外敵から身を守るために飛ぶ必要なんてなかったのですから。卵やヒナが外敵に襲われる心配もなかったので、巣を地面につくっても安全でした。

『不思議の国のアリス』の中で描かれたドードー（画像＝Campwillowlake／iStock）

　時は16世紀。この頃は大航海時代と呼ばれ、ヨーロッパの人々は領地拡大や貿易のために競って大海原に漕ぎ出して行きました。そんな中、モーリシャス島に暮らしていた飛べない鳥は、2本足で歩く今まで見たことのない生き物、つまり、新しい航路発見の途中に島に立ち寄った人間を目にしたのです。マスカリン諸島は1500年代に航海者によって発見されました。彼ら航海者にとってドードーは、何の取り柄もない、どうでもよい生き物、しかも「鳥のくせに飛べない」、「太っていて不恰好」な珍妙な鳥ということで、ポルトガル語で「うすのろ」という意味の「ドードー」という大そうかわいそうな名前がつけられてしまったのです。

人間が島に入ってくるたびに、ドードーは人間に食糧として狩られたり、また、珍奇な生物としてヨーロッパの国々に送られるために捕まえられ、どんどん数を減らしていきました。敵は人間だけではありません。人間の連れてきたイヌやブタなどの家畜、船によって運ばれたネズミもドードーたちの脅威となりました。地面につくられた巣の中の卵やヒナは、これら家畜やネズミの素敵なご馳走となりました。人間が島にやってくるまでは、おっとりと地面の木の実をついばんで暮らしていたドードーののどかな生活は、人間の出現でめちゃくちゃになってしまったのです。

残っているのはスケッチだけ?……

ドードーの存在が正式に報告されたのは、16世紀末とされています。当時、生きたドードーがヨーロッパの国々やインド、そして日本にも（!）やってくるのですが、見世物としては話題になったものの、なぜか学問的な研究は行われませんでした。科学者がドードーに注目したのは18世紀になってからです。しかしもう遅かった。ドードーのことを詳しく知りたくとも、すでに絶滅していたからです。かつてヨーロッパの国々に送られたドードーもみな死に絶えていました。日本に来たドードーもどうなったのか謎のまま。剥製すら完全なものはありません。残されているのは、航海者たちが描いたさまざまなスケッチだけでした。それでも、博物館などに部分的に残されていた皮の一部や骨などによって、ドードーは大型のハトの仲間であったことがわかっています。しかし、ドードーが木の実のほかに何を食べていたのか、どんな生活をしていたのか、彼らの生態はほとんど謎のままなのです。

人間が島に上陸しなかったら、ドードーは今ものんびり地面で木の実をついばんでいるのでしょうか。それとも何か別の理由でやはり絶滅してしまったのでしょうか。それは誰にもわかりません。しかし、ドードーは人間の勝手な行動によって絶滅させられた生き物であることには変わりないのです。

（鶴見みや古）

たくさんいたリョコウバトはなぜ絶滅したのか？

膨大な数が生息していたリョコウバト

リョコウバトは、北アメリカの開拓時代には、東部の森林に膨大な数が生息していました。しかし人間が食用に大量に捕獲したため、19世紀後半には徐々に減少を始め、20世紀初めの1914年9月1日に、シンシナチ動物園で飼育されていた最後の1羽が死んで、絶滅鳥の仲間入りをしました。

どんなにたくさんいたかというエピソードには事欠きませんが、たとえばアメリカの初期の鳥類学者オーデュボンは、1813年にケンタッキー州でこの鳥の群れが3日間途切れずに飛び過ぎるのを観察し、このうちの3時間に通過した個体数を、少なめに見積もっても11億5000万羽と試算しています。捕獲の様子もものすごく、19世紀中頃には商業的な猟師が大量に捕獲して、樽詰めにして当時発達してきた鉄道でシカゴやニューヨークといった大都市に出荷したそうです。

リョコウバト　出展＝『ニューヨークの鳥』（ニューヨーク州立博物館）

絶滅の原因に異説が出現

リョコウバトの絶滅物語は、このようにかつてはたくさんいたこと、人間の直接の捕獲によって数が減ったこと、普通は記録に残らない絶滅の日付がわかっていること等々、わかりやすくドラマチックな要素のため繰り返し語られてきました。

ところが最近の研究によると、絶滅の原因については異説も唱えられています。ネズミやゴキブリの例でわかる通り、生息に適した環境がある限り、たくさんいる生物をどんなに捕獲しても絶滅させられるものではありません。リョコウバトの絶滅は、直接の捕獲よりは生息環境の破壊が大きな原因であるというのです。

リョコウバトを滅ぼしたのは森林伐採?

コルドバ大学のブッチャーが唱える説はこうです。開拓前の北アメリカ東部の大森林はカシ類を主とする森で、リョコウバトはそのドングリを食べていました。カシ類には地域ごとに豊作の年とそうでない年があり、リョコウバトは毎年、その年が豊作にあたる地域を求めて大群で移動して生活していました。ドングリが特別多く実っていない場所では、それらは地域に住んでいるリスやシカ、カケス、キツツキなどに消費されてしまいますが、大豊作の地域では、地域の動物や鳥では食べ切れず、どっさりと余ったドングリがリョコウバトの餌になったのです。ところが、開拓が進み、森林面積が減った上、カシの木が大木から順に切られてしまい、一見同じような森林に見えても老木がほとんどなくなってしまうと、豊作の年でも、リョコウバトの大群があてにできるほどのたくさんのドングリが余らなくなってしまったのです。

ドングリの大豊作に出会えなくなると、当然リョコウバトは数が減ってしまいます。数が減ってしまうと、大群で行動してこそうまくいっていたリョコウバトの生活は成り立たなくなります。たとえば、大群で飛んでこそ非常に広い範囲からドングリが豊作の場所を発見できたのに、それができなくなってしまったのです。こうして森林伐採を引き金にして個体数が減少し、それが悪循環を招いてリョコウバトが絶滅したというのです。

リョコウバトがいなくなって1世紀になろうとしている今では確かめる術がありませんが、直接の迫害よりも、環境破壊が絶滅の原因となったという説には説得力があります。太古の森が文明によって破壊されて、悠久の昔から生きてきた生き物が滅びるという、もののけ姫の物語がかつてアメリカにもあったというべきでしょうか。

（平岡　考）

オナガの分布はなぜ東西に分かれている？

化石が語る真実

オナガは中国から韓国、日本を含む東アジアと、およそ9000キロメートルも離れたイベリア半島のスペインとポルトガルに分かれて分布しています。この東西に分かれた分布については、16世紀にポルトガルの水夫が中国から香辛料などと一緒に持ち込んだという人為分布説と、もともとユーラシア大陸に広く分布していたのだが、両端を残して消滅してしまったという自然分布説との二つの説が唱えられていました。

この二つの説はどちらも決め手に欠け、オナガの分布は長い間、謎のままでした。イベリア半島から発掘されれば自然分布の有力な証拠となるオナガの化石も、中国からしか見つかっていませんでした。ところが1997年になって、イベリア半島南端のジブラルタル付近の3カ所から、約4万4000年前のオナガ4個体の化石が出土したことにより、オナガの東西に分かれた分布は自然分布であることが決定的となりました。

この化石はいずれも上腕骨の一部だけですが、骨格標本の比較研究から、オナガであることは間違いありません。今では、オナガはイベリア半島だけでなく、ユーラシア大陸を横断して広く分布していたのが、約1万年前の最後の氷河期までに、分布の両端を残して絶滅したと考えられています。しかし、それを証拠付けるには、大陸部の現在は分布していない所からオナガの化石が発見される必要があります。

なお、近年のミトコンドリアDNAの解析によれば、ユーラシア大陸の東西に離れて分布するオナガは、すでに100〜120万年前にはそれぞれが分かれて分布するようになったと推定されています。そして、このことを根拠にイベリア半島のオナガは、別亜種ではなく、独立種として扱われるようになりつつあります。

（茂田良光）

あなたも協力できる！鳥の保護、標識調査

鳥の足にキラリと光るものが……

ある朝、Aさんが納屋に行くと床に小鳥が落ちていました。隙間から入って出られなくなったようです。埋めてあげようと手に取ると、きらりと何かが光りました。よく見ると足に金属の足環が付いています。明るいところへ出てさらによく見ると、足環には何か文字が書いてあるようです。そこで、拡大鏡を持ってきてその文字を読んでみました。「KANKYOSHO TOKYO JAPAN」というローマ字と一緒に、8桁ほどの記号と数字が書いてあります。あわてて「環境省」に電話をして、どうしたらいいのかを聞きました。

Bさんが飼っている猫はとても狩の上手な猫です。この日も得意げにBさんに獲物を見せに来ました。Bさんが手に取ると小さな小鳥で、足に足環が付いていまし

た。Bさんは野鳥に詳しい友人のCさんに相談しました。Cさんはインターネットで山階鳥類研究所のホームページを見たことがあり、そこに「足環の付いた鳥を見つけたら」という項目があったことを思い出しました。Cさんは早速ホームページを開いて連絡先を探し出しました。

D君は登校の途中で道端にきれいな小鳥が落ちているのを見つけました。埋めてあげようと思って拾い上げると、足環が付いているのに気が付きました。学校の先生にどうしたらいいか相談すると、先生はいろんな所に電話を掛けて聞いてくれました。町役場、県庁と電話をして、県の鳥獣担当から山階鳥類研究所の連絡先を教えてもらいました。

足環の付いた鳥が発見されてから山階鳥類研究所に連絡が入るまでには、このようにさまざまなドラマがあります。関わった方々は皆さん、この鳥に足環が付いている意味を知りたい、また、この鳥がいつ、どこで、どうして足環を付けられたのかが知りたいという思いで、連絡先を探してくださいます。小さな足環一つには、それだけ多くの人の思いが込められています。一つ一つの回収記録（標識を付けた鳥を発見した報告）はこれらの思いを受けて整理され、貴重なデータとなって、鳥

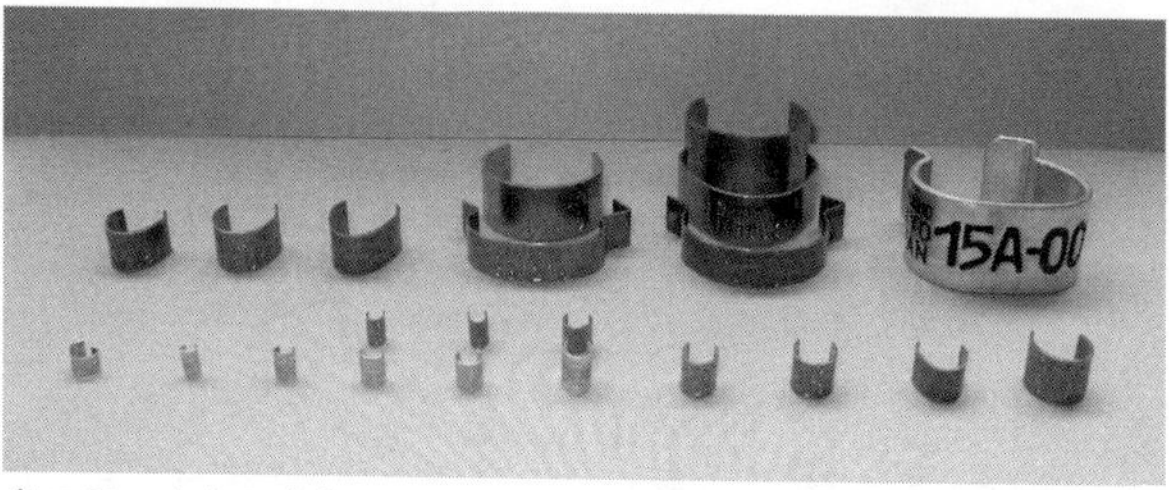

鳥の足の太さに合わせてさまざまな種類の金属の足輪が用意されている

類の渡りや生活、鳥の一生、死因などについて、多くの正確な知識をもたらしてくれるのです。

標識調査、足環からわかること

生きた鳥に足環などの目印を付けて放し、その鳥の行動や移動などの生態を研究することを標識調査（バンディング）といいます。標識調査からいったい何がわかるのでしょう？

まず、標識調査によって鳥の移動経路について確かな証拠を得ることができます。夏に北海道で観察される鳥と同じ種類の鳥が冬にベトナムでも観察されるとすれば、北海道からベトナムまで渡っているのかもしれません。しかし、確証はないのです。北海道の鳥はフィリピンに渡って、中国の鳥がベトナムに渡っているかもしれないのです。そこで足環の登場です。足環には国名と連絡先、一羽一羽を区別できる記号と番号が刻印されています。北海道で営巣中のショウドウツバメにその足環を付けて放したところ、ベトナムで冬にこれと同じ記号番号の足環を付けた鳥が発見されました。こうなるともう間違いありません。北海道で繁殖したショウドウツバメの越冬地はベトナムで決まりです！

日本で繁殖するショウドウツバメを保護するためには、繁殖地の環境などを保護するだけでなく、越冬地域の環境も守らなければなりません。その守るべき越冬地がわかったということは、大きな一歩です。体が大きな鳥では、電波発信機を付けて直接移動経路を追跡する方法があり成果を挙げていますが、体重が30グラムにも満たない小さな小鳥に付けて長期間追跡できる発信機はまだ開発されていません。足環を使った標識調査が唯一、小鳥の移動経路を調べる有効な手段なのです。

次に、足環の付いた鳥が発見されると、その鳥がいつからいつまで確実に生きていたという証拠が得られます。そう、鳥の寿命がわかるのです。危険の多い野外で生きている鳥の寿命は安全な場所で暮らしている飼い鳥とはずいぶん違います。鳥は出生届や死亡届を出してくれませんから、それに代わる戸籍簿をつくらなければなりません。生まれて初めて足環を付けられたときの記録を集めて鳥の戸籍簿をつくるのです。それが標識調査の放鳥記録簿です。今ではコンピューターに入力された放鳥データとなっています。死亡した鳥が発見されると、その足環の記号番号をコンピューターで探して「いつ・どこで・種名は何で・足環を付けたときの年齢と性別は」など、放鳥時の情報を発見されたときの情報と照らし合わせて、確実に生きていた期間を計算します。それを仮の寿命として同じ種類の鳥の寿命を合わせていくと、その種としての寿命がわかってくるのです。

繁殖地や渡りの中継地そして越冬地という鳥の移動経路、寿命のほかにも、年齢構成や生息分布域、鳥の健康状態や外部寄生虫など、標識調査を通じてさまざまなことがわかり、鳥類の生態解明や保護に役立っています。

鳥に国境なし。海外とも情報交換

標識調査はまず鳥を安全に捕まえて、足環を付けることが出発点です。野生の鳥を捕まえるにはいろいろな方法がありますが、標識調査では主にかすみ網を使います。かすみ網は使用方法を間違えると、鳥を大量に死亡させてしまうので、法律で

かすみ網を使った標識調査。トレーニングを受けたバンダーが、安全、確実に鳥を扱い足環を付けて放す（写真＝広居忠量）

その所持と使用が禁止されています。しかし、かすみ網を使った鳥にとって安全な捕獲方法がわかっていますので、標識調査では環境省から特別の許可を得て使用しています。また、標識調査を実際に行う鳥類標識調査者（バンダー）は、山階鳥類研究所が行う調査方法や鳥学・鳥類保護の基礎などのトレーニングを受けて、安全で正確な鳥の扱い方、かすみ網の正しい使用、鳥の識別、年齢性別の判定などができると認められた人なのです。

全国には400名以上のバンダーが、ボランティアとしてこの標識調査を支えています。それぞれのバンダーは自分の研究テーマや鳥の渡りの時期に合わせて、各自で調査計画を練り、調査を行っています。調査報告は山階鳥類研究所に送られ、コンピューターに入力されてデータベースとなります。日本全国の標識調査データはすべてここに集められ、バンディングセンターの機能の重要な部分となります。

ところで鳥には翼があります。人の決めた国境なんて面倒なものは関係なく、パスポートなしでどこへでも行けるのです。足環の付いた鳥も、その多くは渡り鳥として国境を越えてゆきます。外国で発見される日本の足環は年間１００を軽く超えます。海外からの日本の足環の発見情報は、発見者自身から直接、または環境省を経由して、もしくはその国のバンディングセンターを経由して山階鳥類研究所に届けられ、回収のデータベースとなります。

逆に、日本で発見された外国の足環については、山階鳥類研究所を通じて相手国のバンディングセンターに問い合わせることになります。山階鳥類研究所は日本のバンディングセンターとしても機能し、海外からのデータの問い合わせや海外で発見された日本の足環のデータを集めるとともに、情報交換や近隣諸国へのバンディングの啓蒙活動も行っているのです。

一つの小さな足環を通じて、１羽の鳥が何千キロメートルも遠く離れた海外まで渡っていったことが、多くの人の手を経てわかったとき、放鳥したバンダー、発見した人、そしてセンターのスタッフにとってもその喜びはひとしおです。

捕まえなくてもわかる、フラッグやカラーリングなど

確実なデータが得られる足環を用いた標識調査にも弱点があります。足環が発見されるには、その鳥を捕まえるか、その鳥が死んで拾われるかしなければならないのです。生きた鳥を捕まえるなんて、普通はできません。つまり発見される確率がとても低いのです。そこで、開けた場所に集まる水鳥類に、発見されやすく目立つ標識を付けることが行われるようになりました。それがフラッグやカラーリング（色足環）です。

シギ・チドリ類に使用されるフラッグは、カラープラスチックの帯を鳥の足に巻きつけ、その端を伸ばして旗のように出したものです。フラッグはカラーリングより目立つため、発見される率が高いのです。また、国際間で放鳥地別にフラッグの色や付ける位置を決めていて、観察だけでどこで放鳥した鳥なのかがわかるしくみになっています。その組合せについては、山階鳥類研究所のホームページに載って

いますので、興味のある方はぜひご覧ください。

また、ハクチョウやガンなどではプラスチックの首環に、ツル類ではプラスチックの足環にそれぞれ記号を刻印し、観察だけで個体が識別できるようにしています。

実際に、日本の多くのバードウォッチャーによってフラッグやカラーリングが観察され、海外や国内の移動データが集まり、渡りの経路や渡り中継地の利用日数など、渡り鳥を保護する上で貴重な基礎資料が蓄積されてきています。

足環の付いた鳥を見つけたら?

もし、足環を付けた鳥が元気で生きたまま捕まったら、その足環に記されている文字、記号、番号をすべて記録して(できれば写真撮影も)、その後で足環を付けたまま、その鳥を放してあげてください。もしその鳥がけがをしていてすぐに放せそうにない場合は、都道府県の野生鳥獣保護担当の課へ連絡をしてください。また、足環を付けた鳥が死んで見つかった場合は、できるだけ足環をとりはずし、発見したときの情報と一緒に山階鳥類研究所へ送付してください。様々なケースがありますので、個別に対応しています。詳しいことは山階鳥類研究所のＨＰをご覧ください。(吉安京子)

■足環やカラーリング・フラッグがついた野鳥を発見したら

以下の項目を山階鳥類研究所鳥類標識センターにお知らせください。

①回収者（発見した人）の情報：氏名、連絡先（住所・電話番号・e-mail など）
②足環の番号：記号や文字の全て（可能なら写真も）
③カラーリングやフラッグ：色や形と付いていた場所（可能なら写真も）
④回収年月日：発見・観察した日時
⑤回収場所：市町村名・地名・地番などを詳しく
⑥種名：判らない場合は写真をお送り下さい
⑦性別：オス／メス／不明
⑧年齢：成鳥／幼鳥／不明
⑨回収したときの状況：

・生きていた場合
　足環をつけたまま放したかどうか。保護している場合はその収容先
・死んでしまっていた場合
　わかれば死因や死後どれくらい経っていたか

連絡先：山階鳥類研究所　鳥類標識センター
〒270-1145　千葉県我孫子市高野山115
FAX：04-7182-4342
e-mail：BMRC@yamashina.or.jp

第4章　知って楽しい鳥のトリビア

鳥の姿が色鮮やかであるのはなぜ？

鳥とヒトは視覚に依存する動物

最近、バードウォッチングが流行りのようです。野生動物に親しむ、あるいは観察する最初の対象として、鳥類は比較的適していると思われます。鳥類のほとんどは昼行性であり、種によっては姿がたいへん美しく、また、美しい声も持っています。バードウォッチングに人気がある理由は、恐らく、人間の五感に訴えるところが多いからではないでしょうか。

ヒトは五感のうち、とりわけ視覚に依存する動物です。また、伝達手段として声を用います。しかし、多くの哺乳類は視覚よりもむしろ嗅覚などに依存しており、伝達手段としての音声も特別複雑なものを用いていることは多くありません。一方、鳥類は視覚に最も依存する動物です。また、音声によるコミュニケーションも発達しています。ヒトは哺乳類の中で異端なのだと思われますが、こういった知覚・認識の共通点が、鳥類に親しみを感じさせるのではないでしょうか。

ところで、鳥類はなぜ視覚に依存しているのでしょうか。これは、飛ぶということに非常に密接に関連しています。飛翔という移動様式はたいへんスピードが速いので、移動中に外界の情報を入手するには速さと精度が要求されます。大気中の化学物質情報である嗅覚情報と、大気の振動情報である聴覚情報、そして物体の反射する電磁波（光線）の情報である視覚情報では、明らかに視覚情報の精度が高く、光線の伝達速度が最速です。光線による情報入手の欠点は、光の乏しい夜には使えないということと、遮蔽物《しゃへいぶつ》があるとその向こうの情報が伝わらないことです。しかし、飛翔という移動様式では、減衰せずに速く伝わる光線による情報で判断するのが最も理にかなったのでしょう（ただし、コウモリは音波、すなわち聴覚で飛翔できますから一概にはいえませんが）。

ヒトには見えない色も見える

鳥類はその視覚についてとりわけ発達しており、タカの仲間のノスリでは視力はヒトの8倍あるといわれています。また、ヒトの目の場合、光を感じる網膜部分には赤を感じる部分、緑を感じる部分、青を感じる部分の3種類の光受容部があり、それらの反応の組み合わせからさまざまな色を識別しているのですが、鳥の目の場合、この網膜部分の光受容部が赤・緑・青のほかにも1～2つあり、ヒトには見えない紫外線を見ることができます。

さまざまな色の違いが識別できるということは、お互いのコミュニケーションのために色や形を利用できるということです。多くの鳥の雄は雌を引きつけるために鮮やかな羽を身にまとい、特徴的なダンスなどの求愛行動をします。

鳥のこういったあでやかさを美しいと感じ取れるのは、恐らくヒトもまた視覚に依存していることの表れなのでしょう。

（浅井芝樹）

本当は青くないカワセミの羽毛

羽毛の色彩のさまざまな成り立ち

鳥の羽毛に見られる色合いは実に多様で、自然界でこれほどの色彩の広がりを持っているのは、珊瑚礁のカラフルな魚類しかいないといわれます。これらの色合いは基本的に、鳥の羽毛内に含まれている色素に基づく場合と、羽毛の物理的な構造に光が反射することで人の目に特定の色として反映されるもの、そして両者の組み合わせによるものとがあり、後者二つを構造色と呼んでいます。

羽毛内に含まれる色素には、主として、鳥の体内で合成され黒・灰色・茶色をつくり出すメラニン、食べ物によって摂取され赤や黄色をつくり出すカロチノイド、ヘモグロビンに関係しフクロウ類の茶色やエボシドリ類の鮮やかな赤や緑の羽色をつくり出すポルフィリンなどがあります。

実はいない？「青い鳥」

それでは、カワセミに見られる輝くような青い色はどうかというと、あれは構造色――つまり幻の色――であって、青い色素に基づいた青い鳥というのはほとんど存在していません。それぞれの羽を構成する羽枝の複雑で微細な構造の層に、光が反射や屈折して、人の目に「青」い色として映っているのです。これは、私たちの目に空の色が青く見えるのと同じ現象で、チンダル現象と呼ばれています。カワセミの翼や背が、見る角度によって時には緑や青に見えるのもこの効果によるものです。

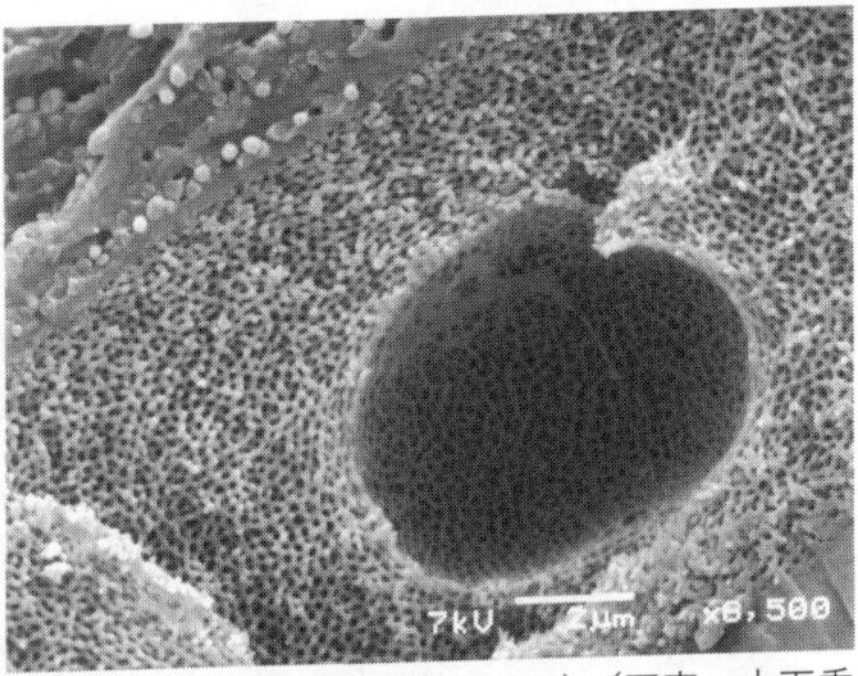

カワセミの小羽枝断面の拡大写真（写真＝木下秀一・吉岡伸也）

上の写真は、カワセミの小羽枝を切断し、青色に見える光を反射・屈折させていると考えられる層の断面を電子顕微鏡で見たものです。窪んだ部分の壁が無数の穴で区切られており、複雑な構造になっていることがうかがえます。

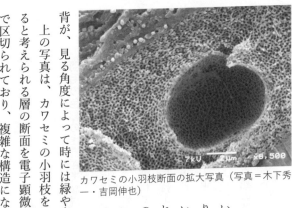

羽毛の色としてはこのほか、鳥自身が自然にある色素を羽繕《はづくろ》いをしながら自分の羽に塗り込んだり、体から色素となる物質を分泌したりすることによって、羽を色付けすることもあります。また、時々、白いスズメや白いカルガモなどが出現して話題を呼びますが、あれは色素が病的に欠損した「アルビノ」、もしくは色素が減少することにより羽毛が白くなる「白変種」と呼ばれる白化個体です。

（黒田清子）

ハトはどうして首を前後に振って歩くのか？

実は停止と前方への突き出しの繰り返し

公園に集まるハト（ドバト）を見ていると、歩くときに前後に首を振っていますが、どうして首を振るのでしょうか。「首を前後に振る」と書きましたが、ビデオカメラの映像を分析すると、実はハトは首を止めるのと前に突き出すのを交互に行っているのがわかります。首を止めている間も体が前に進んでいるので、体との関係で首を前後に振っているように見えるのです。

これについては、外界の景色が後ろに流れていくのに合わせて首を振っているという視覚的要因を重視する説、視覚ではなく平衡感覚を司る内耳が関与しているという説、足を動かすと首が連動して動いてしまうという体の構造によるものだという説などが考えられます。

風景が動かないランニングマシンの上で実験

エジンバラ大学のフリードマンは、巧妙につくった装置の中でジュズカケバトを歩かせて、首振りのしくみを研究しました。それによると、スポーツクラブのランニングマシンのように床が後ろに流れていき、自分は歩いているのだが前にも後ろにも進まないとき、ハトは首を振りませんでした。これで、歩く動作に連動して首が動いてしまうという説は否定されます。今度は、後ろに流れるランニングマシンで、歩いている自分は動かない点は同じにして、回りの景色を後ろに動かしてやると、ハトは首を振って歩きました。また、ハトが立ち止まったままのときに景色のみ後ろに動かしてもハトは首を振ったのです。

これらのことから、ハトは回りの景色が後ろに流れていくのに対応して首を振っていることがわかります。念のためハトを歩かせないで、景色を描いた回りの壁も含めた装置ごと前に動かしてもハトは首を振りませんでした。これで、体が前進していることを内耳が感知して首を振っているということもないことがわかります。このような結果から現在は、ハトの首振りは視覚的なもので、頭を動かさない時間をつくって物をよく見たり、また頭を瞬間的に移動させて目標物を立体的に捉えるために役立っていると説明されています。

その上重心の移動に連動している

国立科学博物館の藤田祐樹は、ドバトの歩行のビデオ画像を重心の動きと関連させて解析した結果から、首振りは視覚的要素がすべてではないといっています。この分析によると、ハトの首の1振りは足の1歩に対応していて、後ろに残した片足を上げて重心が反対の足に乗ると首を固定し、上げた足を前に踏み出して重心が移動するときに首も突き出すという具合に重心の移動に連動していました。この結果から藤田は、首振りは、片足立ちの瞬間に首を固定することで歩行の安定性を増す働きがあると結論しています。

ところで、ハトやニワトリは首を振って歩きますが、首をほとんど振らないで歩く鳥もいます。どうしてある種の鳥は首を振り、別の鳥は振らないのでしょうか？

こういったことは実はまだ未解明です。たかが鳥の首振りといっても、汲めども尽きぬ課題が残されているのです。

（平岡　考）

鳥は生まれつき歌が歌えるのか？

美しいさえずりは習って覚える

ウグイスは春になるとホーホケキョと鳴きますが、秋から冬には、藪《やぶ》でチャッ、チャッと鳴くだけです。ホーホケキョという鳴き声は、繁殖期に雄が出すもので、なわばりに侵入する他の雄を追い払い、雌を呼ぶものです。これに対して、チャッチャッという声は敵、親、子などに対して、雄雌とも一年を通じて発します。前者を「さえずり」、後者を「地鳴き」と呼んで区別します。

ウグイスのほかにも、ヒバリ、ホオジロ、オオルリなど、スズメ目という名前でくくられる多くの小鳥が、美しい音楽的なさえずりをするのをご存じでしょう。私たち人間は生まれながらに喋れるわけではなく、だんだんに言葉を覚えますが、鳥は生まれつきさえずることができるのでしょうか。

スズメ目の小鳥では、ヒナの時代から防音室で育てて親のさえずりを聞かせない実験をすると、正常なさえずりをするように育ちません。ですので、彼らはたしかに成鳥（親）のさえずりを聞いて覚えることがわかります。日本人は古くからウグイスをヒナから育てて、歌の師匠につけてよいさえずりを習得させていましたので、小鳥がヒナの時代に歌を習うことを知っていました。

赤の他人のさえずりを覚えてしまわないのか？

ところでよく考えてみると、人に飼われているのであればともかく、野鳥がヒナを育てる野外では、別の種類の鳥もたくさんさえずっています。もしヒナが歌を聞いて習うなら、どうして赤の他人である別の種類のさえずりを覚えてしまわないのでしょうか。これを調べるために、北アメリカに住むホオジロの仲間であるミヤマシトドという鳥を使って、防音室での実験が行われました。抱卵開始前後の卵を防音室の中で人工孵化して育てるのですが、ヒナの時代に、自分の種のさえずりと、同じ生息地に住んでいる他の5種の鳥のさえずりを等しく聞かせたのです。

こうして育てた鳥は翌年大人になったときに、ヒナの時代に聞いた自分の種類のさえずりに似たさえずりをしました。まだ耳のできない卵のうちから防音室で育ったので、あらかじめ自分の親の歌を聞いて覚えていたということは考えられません。彼らは6種類のさえずりの中から、生まれてから一度も聞いたことのない自分の種のさえずりだけを選んで覚えたのです。

このことから、鳥は生まれつき自分の種類のさえずりの青写真を持っていて、それに合ったさえずりを覚えていると考えられます。スズメ目の小鳥がすべて調べられているわけではありませんが、多くの場合、彼らはさえずりをヒナの時代に聞いて習うが、まったくゼロから習うわけではなく、自分の種類のさえずりの青写真を持って生まれてくるということがいえます。

なお、スズメ目以外の鳥では、オウム目やキツツキ目などの例外を除くと、一般には鳴き声を他の個体から習うことはないようです。たとえばニワトリは、全く音を聞かずに育ってもコケコッコーと鳴くことができます。そして、師匠につけてよい鳴きを覚えさせることはできず、鳴きのよい個体をつくるには、鳴きのよい親同士を掛け合わせて品種改良していくしかないのです。

（平岡　考）

声のブッポウソウと姿のブッポウソウ

「ブッポウソウ」と鳴く声の主は？

ブッポウソウは全身が青緑色で嘴《くちばし》と脚が赤いきれいな鳥です。日本では夏に東南アジアから繁殖のために渡ってきます。夜になると生息地では「ブッ、ポウ、ソウ」とよく通る声が聞かれました。この声がブッポウソウの声だと信じられ、「仏法僧」という名が付いたのですが、千年以上もこの声の主と信じられてきたのは、実は別の鳥だったのです。昭和10（1935）年頃、世間をにぎわしたこんな話をご存じでしょうか。

昭和10年6月、NHKのラジオ番組で愛知県鳳来寺山のブッポウソウの声が全国に放送されることになりました。この頃はまだ生放送の時代で、前年に同じ試みで放送された番組は天気と鳥に恵まれず、鳴き声を聞かせることはできませんでした。しかし、このときの鳳来寺山での放送は二晩とも「ブッ、ポウ、ソウ。ブッ、ポウ、ソウ」と高く澄んだ鳴き声が何度も何度も全国に流れ、この番組は大成功を収めました。また同時に、ブッポウソウの鳴き声も有名になりました。

ところが、東京浅草にある傘屋さんで不思議なことが起こりました。ラジオからブッポウソウの声が流れ出すと、飼っていた小型のフクロウの仲間、コノハズクがその声に誘われて「ブッ、ポウ、ソウ」と同じ声で鳴きだしたのです。これが人づてに鳥類学者の黒田長禮《ながみち》博士の知るところとなり、傘屋さんで飼っているコノハズクを借りてきて、鳴き声を確かめることになりました。そして夜、枕元にコノハズクの入った鳥かごを置いて待っていると、明け方近くにラジオで流れた声と同じ声で「ブッ、ポウ、ソウ」と鳴いたのです。

一方、ブッポウソウの鳴き声について以前から疑問に思っていた山梨県の鳥の研究家、中村幸雄氏は、声の主を鉄砲で撃って捕らえ、ブッポウソウと呼ばれている鳥ではないという確証を得ようと、2年もの間、鳴き声のする時期に毎晩山の中を探し歩いていました。そして、昭和10年6月12日にとうとう「ブッ、ポウ、ソウ」と鳴いている鳥を撃ち落としたのです。その正体は、やはりコノハズクでした。偶然にも黒田博士の発見と時期が同じでした。

ブッポウソウの本当の鳴き声は……

この2つの報告は同年6月15日に開かれた日本鳥学会例会で報告され、正式に「ブッ、ポウ、ソウ」と鳴く鳥はコノハズクであることが認められました。こうして、広く一般にも「声のブッポウソウはコノハズク」、「姿のブッポウソウはブッポウソウ」であることが発表され、世間の話題となりました。小学校の教科書にもとり上げられたほどです。

さて、姿のブッポウソウの鳴き声はというと、昼間に「ゲッゲッ」と、美しいとは形容しがたい声で鳴きます。

このように注目を浴びたブッポウソウとコノハズクですが、現在では繁殖地の減少などの理由で、なかなか出会えない鳥になってしまいました。その中で、ブッポウソウの繁殖地である岡山、広島、長野県などでは、巣箱を設置するなどの保全活動が実を結びつつあり、繁殖つがい数が徐々に増加しています。

（小林さやか）

タンチョウの尾は黒くない。クジャクの尾は長くない

翼をたたむと目立つ三列風切《かざきり》

日本にはツルの仲間が7種類いますが、ツルといえば、タンチョウの姿を思い浮かべる人が多いでしょう。白と黒に塗り分けられて頭頂部分が赤い美しいツルです。ところで、タンチョウは白と黒に塗り分けられてはいますが、どこが白くてどこが黒いかわかりますか？　体全体は白く、首と頭、そしてお尻の方が黒く見えます。お尻が黒いということは尾（尾羽）が黒いということなのでしょうか。実は、タンチョウの尾羽に黒いところはありません。尾羽は真っ白です。黒いのは翼の羽毛のうち、次列風切《かざきり》と呼ばれる部分と三列風切と呼ばれる部分なのです。

鳥の羽毛は、生えている場所によってその形と役割が違います（74ページ参照）。翼に生える羽には「雨覆《あまおおい》」と呼ばれる羽と「風切」と呼ばれる羽があり、飛ぶときに揚力を生み出すなどの働きをします。風切のうち、ヒトでは指から手のひらに

タンチョウの尾羽は黒くない

あたる部分から生える羽を初列風切といい、手首から肘にあたる部分から生える風切羽を次列風切といいます（二の腕から生える風切羽はありません）。

　次列風切のうち、最も体に近いところから生える3枚ほど（種によって異なる）を特別に「三列風切」といって、鳥によっては派手な飾り羽になっていることがあります。たとえば、オシドリの銀杏羽《いちょうばね》（雄が繁殖期に持つオレンジ色のイチョウ型の羽）は三列風切です。翼を広げたときに見れば、翼の根元に伸びる羽であるとわかるのですが、翼をたたむと風切羽は雨覆の内側にしまい込まれて、三列風切が一番上に見えるのです。

　タンチョウの場合も、三列風切が特に長くなっていて、この部分が黒い羽なので、翼をたたんでいるときには三列風切が尾羽の上に重なって、まるで尾が黒いように見えるわけです。

クジャクの扇の羽は尾より上の羽

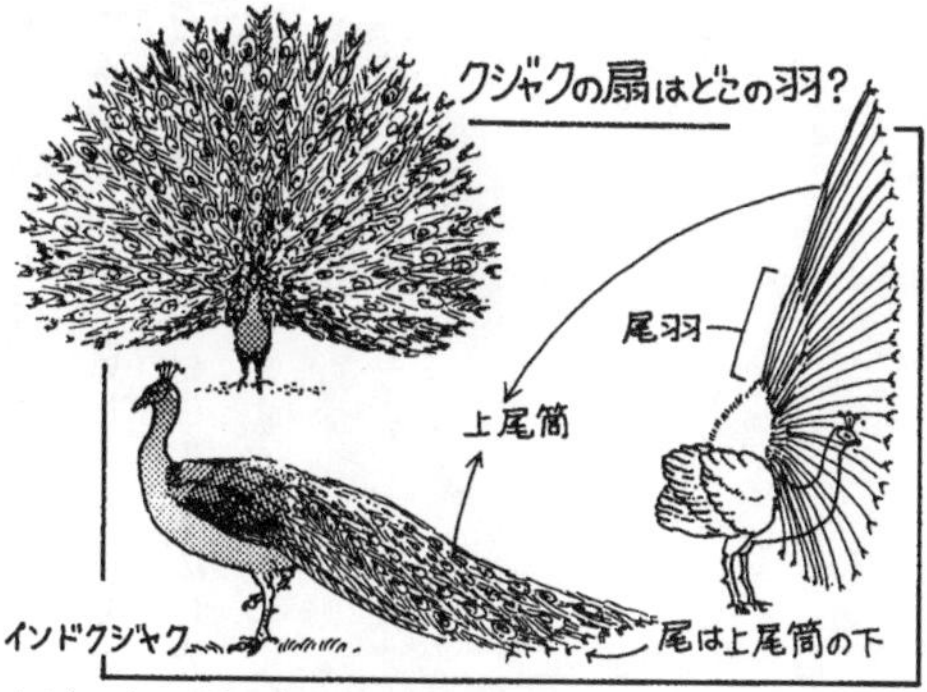

クジャクの扇は上尾筒と呼ばれる羽

クジャクの雄はその美しい羽を扇のように広げて雌に誇示することで求愛します。このクジャクの羽は、たたんでいるときには体の後ろの方に長く伸ばしているので、長い尾羽を持っているように見えます。しかし、これも実は尾羽ではありません。確かに、扇のように広げているとき尾羽は広げられて高く持ち上げられているのですが、美しい扇の裏側で扇を支えるようにこぢんまり添えられているのが、本当の尾羽なのです。美しい扇の羽は、尾のすぐ上の背中寄りの羽で、上尾筒《じょうびとう》と呼ばれる部分に生えています。

羽毛というのは、折りたたまれている状態で目にすることが多いので、どこから生える羽なのか一見しただけでは勘違いしてしまうでしょう。どこに生える羽なのかを本当に知るには、翼を広げた瞬間に見るしかありません。ツルをデザインしたものは多く見かけますが、誤って尾羽を黒くしているものがよく見受けられます。

（浅井芝樹）

ワシとタカ、フクロウとミミズク、インコとオウムの違い

フクロウとミミズクはどこが違うか

フクロウとミミズクの仲間は、まとめてフクロウ科と呼ばれています。実はフクロウとミミズクは分類学上の違いがあるわけではなく、フクロウ科のうち、頭にネコの耳のような形の羽毛があるものを「みみずく」、ないものを「ふくろう」と呼ぶ場合が多いようです。中にはシマフクロウのように耳のような羽毛があるのに「ふくろう」という名前が付いている種類もいます。

「みみずく」の頭の羽毛は「羽角《うかく》」と呼ばれます。これは数枚の羽毛が集まっているだけで、耳ではありません。本当の耳は頭の左右の側面に別にあります（次ページ図）。本当の耳には人間のように耳たぶなどはなく、ただ穴が開いているだけで、ほかの多くの鳥と同様に羽毛に覆われているので、外からは見えません。

羽角がなく頭が丸いフクロウ
（写真＝私市一康）

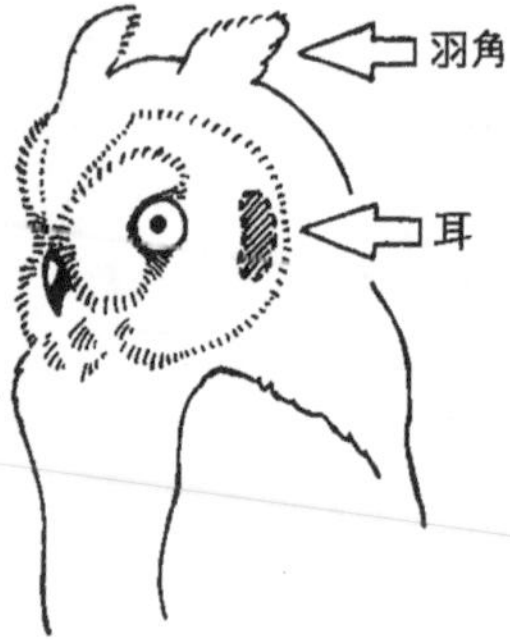

みみずくの耳の位置（トラフズク）

羽角が耳のように出た「みみずく」。リュウキュウオオコノハズク（写真＝私市一康）

さて「みみずく」の羽角ですが、主に身を隠すのに役立っていると考えられています。彼らは日中は木にとまってじっとしていることが多く、木の幹によりそって羽角を立てて眠っていると、羽角によって頭の輪郭が目立たず、木に溶け込んで見えるのです。

ワシとタカはどこが違うか

ワシとタカの仲間は、昼行性の猛禽《もうきん》類で、タカ目のタカ科とハヤブサ目のハヤブサ科に属しています。「わし」と呼ぶのはこのうちタカ科の大型のもの（ハヤブサ科には大型のものはいない）で、「たか」はタカ科の中型以下のものとハヤブサ科の鳥を指すことが多いようです（ただし、近年はタカ科とハヤブサ科の類縁が遠いことがわかったので、ハヤブサ科の鳥を「たか」と呼ぶことは少なくなったかもしれません）。傾向としては、「わし」は全体が暗褐色を基調としたものが多いといえるかもしれません。そういうわけで、「わし」と「たか」にも分類学上の違いはありません。英語では「わし」は eagle、「たか」は hawk におおむね対応していますが、英語圏にはいない種では苦しい英名もあり、クマタカは Hodgson's Hawkeagle（ホジソン氏の「タカワシ」）、サシバはGrey-faced Buzzard-eagle（灰色の顔の「ノスリワシ」）などの名前を持っています。なお、ハヤブサ科の鳥はhawkとも呼ばれますが、ハヤブサ科だけ取り立てていうときはfalconで、種ごとにもfalcon（ハヤブサ）、kestrel（チョウゲンボウ）など個別の名前が付いています。

インコとオウムはどこが違うか

インコとオウムの仲間は、オウム目に属し、4つのグループ、すなわち、フクロオウム科、ヒインコ科、オウム科、インコ科に分かれています。現在「おうむ」と名が付いているのは、オウム科の比較的体が大きく、頭が大きく、尾の長くないものが多いといえます。ヒインコ科はすべてに「いんこ」という名前が付いており、インコ科も多くが「いんこ」です。ただし、オウム科にもオカメインコがおり、インコ科にもミヤマオウムがいるなどの例外があり、きっちりとした定義はできません。

なお奈良時代の正倉院の美術品で「鸚鵡《おうむ》」と言い伝えられた文様は、ホンセイインコ類を描いているので、歴史的にも名称の変化があったことがわかります。

（平岡　考）

歌に詠まれた「都鳥」はミヤコドリかユリカモメか？

万葉の昔から歌まれた「都鳥」

万葉集の時代から日本の詩歌には「都鳥」が詠まれてきましたが、これが現代の図鑑でいうミヤコドリであるのかユリカモメであるのかは古来論争の的でした。図鑑のミヤコドリは、ミヤコドリ科というシギやチドリに近い仲間で、嘴《くちばし》も脚も長く、海岸、特に磯浜に住んで貝などをよく食べます。日本では近年増加傾向にあるものの、従来、ごく稀な鳥でした。これに対しユリカモメはカモメ科の鳥で、冬には本州以南の海岸や河川の下流などによく見られ、魚のほか、人の捨てる生ごみなどもあさります。江戸時代の博物図譜には都鳥としてユリカモメの図を載せたものとミヤコドリの図を載せたものがあり、当時すでに名前が混乱していたことがわかります。

都鳥が万葉集に登場するのは、大伴家持が大阪の難波宮で詠んだ歌で、

シギやチドリに近い仲間で貝などを食べるミヤコドリ

船競ふ堀江の河の水際に来居つつ鳴くは都鳥かも

（船がたくさん行き来する堀江の河の水際に来てとまって鳴くのは都鳥だなあ）というものです。

一方、都鳥といえば必ず引き合いに出されるのは『伊勢物語』です。在原業平と思われる人物が東国を旅行したときに隅田川にたどり着き、京都では見慣れぬ鳥を見て、都鳥と教えられて詠んだのが、

名にし負はばいざ言とはむ都鳥わが思う人はありやなしやと

（都という言葉を名に持っているならばさあ聞こう都鳥よ、京都で私の思う人は元気にしているかと）という歌です。

にぎやか好きなユリカモメ説が優勢

万葉集に出てくる生物を考証した東光治は、家持の歌について、立って鳴いているという点から飛翔に優れたユリカモメはそぐわないことと、歌の詠まれた4月にはユリカモメは北に帰ってしまっているはずだということから、ミヤコドリの歌だとしました。しかし、鳥類研究家の熊谷三郎は、寂しい磯などに稀に少数で住み警戒心も強いミヤコドリはこの歌にふさわしくなく、船の往来がにぎやかな情景からしてこれはユリカモメだとしました。たしかににぎやかな船着き場で、群れが鳴き騒ぎながらあまり人を恐れず船の後についたり、近くの岸に群れで立っている情景は、カモメの仲間であるユリカモメにふさわしいように思えます。4月であれば冬の渡り鳥であるユリカモメがまだ残っていてもおかしくないでしょう。

伊勢物語の都鳥については、文中に「白い鳥で嘴と脚が赤く、シギの大きさ」で「水の上に遊んで魚を食べる」とあります。ミヤコドリは、水に浮かんだり水面上を飛びながら魚を食べたりはしません。また、頭と体の上面が黒いので、白い鳥という形容はふさわしくありません。ユリカモメは、体の上面は灰色ですが、遠目に

日本には冬鳥としてやってくるユリカモメ（写真＝私市一康）

は体全体が白く見えます。伊勢物語の都鳥は、形態からも生態からもユリカモメでよさそうです。

今では京都の鴨川にもユリカモメが群れていますが、このような情景が見られるようになったのは現代になってからのことのようです。以前はユリカモメは京都には見られませんでした。それではユリカモメがどうして伊勢物語で「都鳥」として登場するのでしょうか。熊谷三郎は、それは伊勢物語が家持の詠んだ難波の都の都鳥を踏まえているからなので、そのことからも二つの歌の都鳥はいずれもユリカモメと解釈できると主張しています。

（平岡　考）

「ツバメの巣のスープ」は何のスープ？

ツバメはツバメでも……

中華料理の高級メニューで有名な「ツバメの巣のスープ」のツバメの巣は、ツバメの巣ではありません。これは中国の海南島、インドシナ、インドネシア、インドのアンダマン諸島とニコバル諸島にかけて分布するアマツバメ科のジャワアナツバメの巣なのです。じゃあツバメの巣でいいじゃないかと思うかもしれませんが、アマツバメ科は、ツバメの仲間（ツバメ科）と姿は一見似ていますが類縁の遠い全く別の仲間の鳥です。巣が食用になるので、ジャワアナツバメの英名は「巣が食べられるアナツバメ（Edible-nest Swiftlet）」といいます。スープのほか、ジュースまであり、滋養強壮に効果があるといわれます。

「ツバメの巣のスープ」の食材には、ジャワアナツバメに近縁のオオアナツバメの巣も利用されます。この2種は洞窟や屋根裏などで集団で繁殖し、2種の混ざった繁殖コロニー（集団営巣地）もよく見られます。ジャワアナツバメは主に唾液により白いカゴ型の巣をつくり、2個の卵を産みます。オオアナツバメも唾液で同じような巣をつくりますが、羽毛などの不純物が混ざり巣が黒っぽいため、英名は「黒い巣のアナツバメ（Black-nest Swiftlet）」といいます。オオアナツバメの産卵数は1個だけです。

巣の乱採取でアナツバメの減少が問題に

「ツバメの巣のスープ」は17世紀の中国の明朝後期と清朝初期には、皇帝によりもてはやされていました。もっと古く紀元500年か700年にはマレーシアのボルネオ島のサラワクから中国に輸入されていたという説もあります。ボルネオ島では従来、非常に多くの2種のアナツバメの巣が採取され、多くの卵とヒナが犠牲になりました。

たとえば、1959年にはサバ州で合計19万個の卵と無数のヒナがコロニーのある洞窟の床に放り出され、また、サラワク州のある洞窟で1980年代から1990年代初期には450万羽のオオアナツバメがいたのが、毎年の巣の採取に

インドのアンダマン諸島につくられたツバメの巣採集用の建物で繁殖するジャワアナツバメ（写真＝ Dr. Raju Kasambe）

より15万羽にまで減少しました。サラワク州では1989年から部分的に巣の採取を禁じていますが、密猟や密輸が絶えません。

最も多くの「ツバメの巣」が輸入され、売買される香港では、1989年に2500万個、1990年に1870万個、1991年には1750万個の巣が主にインドネシアやタイから輸入されています。2000年代初めには、価格は90年代の2倍以上に高騰し、日本円換算で1キログラム当たり約432万円にもなりました。「ツバメの巣」は1キログラム当たり80～120個と推量されるので、1年間で

２００トン、毎年、少なくとも１６００万個もの巣が香港だけで取引されるのです。タイでは1キログラムの「ツバメの巣」が21万８０００円で売られ、４カ月の繁殖期の間に巣は３回も採取されることから、アナツバメの減少が問題となっています。

インドネシアでは「ツバメの巣」を採取するためにアナツバメの営巣用の建物を建設し、管理をしながら巣の採取をするようになりました。ジャワアナツバメもオオアナツバメもほとんど1年中繁殖しますが、ここでは巣は普通、年に２回採取されるため、鳥は繁殖のために年に３回も巣をつくらなければなりません。

なお、アナツバメの唾液には特殊なグリコプロテインなどの成分が含まれていることから、単なるご馳走ということにとどまらず、アンチエイジング、抗炎症、高血圧の抑制、免疫力の向上などの効果がある可能性が指摘され、研究が進められています。

（茂田良光）

コンパスと時計を持って渡る渡り鳥

渡り鳥はどうやって渡りの方向を知る？

日本には多くの渡り鳥が生息しています。春に渡来し子育てをする夏鳥のツバメやカッコウ、彼らがいなくなる秋に渡来し越冬する冬鳥のハクチョウや多くのカモ類、日本より北で繁殖し日本より南で越冬するため春と秋に渡来する旅鳥のシギ・チドリ類など、これらの鳥はどのようにして毎年規則正しく行ったり来たりを繰り返しているのでしょうか？

この問題は古くから多くの研究者が疑問を抱き、いろいろな実験が行われてきました。その結果、渡り鳥の多くは昼間は太陽を、夜は星座を基準に方向を認識していることがわかりました。でもチョット待って下さい。私たちも太陽や月が東から出て西に沈むことは知っていても、時間とともにその位置は動いていきますし、季節によってもその位置は変わります。一定の方向に進むためには、太陽や星などに対する向きを刻々と修正していかなければなりませんが、そういうことは可能なのでしょうか。

驚くべきことに彼らは、身体の中に時計を持っていたのです。この正確な時計によって、時間とともに動く太陽の正しい方向を認識しているのです。さらには、曇っていて太陽が見えないときには、地磁気を頼りに方向を知るらしいのです。時計だけでなくコンパスも持っているとは驚きですよね。

南北は太陽や星の高さ、東西は日の出の時間など

渡りを前提に、太陽の位置と方向についてをもう少し詳しく見てみましょう。

秋に日本を旅立って南に移動する場合、緯度が低くなるほど太陽の位置が高くなります。赤道上で最も高くなり、南半球に入ると再び低くなります。この太陽の高さの違いで緯度を知ることができます。太陽の出ていない夜間に渡りをする種では、北極星を中心とした星座の回転軸が、北半球から赤道に近づくにつれ低くなることで緯度を知ることができるようです。

一方、東西の移動については、太陽を頼りにする種では、東に移動すると日の出

も南中時刻も日の入りも早くなりますし、西に移動すると逆に遅くなることで経度を知ることができます。星座を頼りにする種では、自分の知っている星座の位置が移動前よりも高ければ東へ、低ければ西に移動したことがわかるようです。

実際にはこれらの体内時計と太陽（星座）コンパスだけでなく、磁気コンパスや目視による確認など、いろいろな方法を組み合わせて利用しているようです。私たちと比べると、とてつもなく正確な時計やコンパスを持っていることには驚いてしまいますね。

いずれにせよ方向や時間を知る手段はわかっても、どのようにして目的地を知るのか、どれくらいの距離を移動すれば目的地に着くのかといったことをどのように決めているのか、まだまだ渡り鳥の謎は尽きることがありません。（馬場孝雄）

日本生まれのツバメは秋になるとどこへ行く?

昔から身近だったツバメの渡り

春先、ツバメが渡って来ると、それまで静かだった空がたちまちにぎやかになって、私たちの心を和ませてくれます。初夏、軒下につくられた巣からこぼれ落ちそうになりながら、餌をねだってピーッピーッと騒いでいる子ツバメたちを目にしたことがあるでしょう。日本の夏の風物詩の一つですね。秋風とともに寂しくなるのはあのにぎやかな声がしなくなるからかもしれません。

ところで、毎年必ず訪れるツバメはどこから来るのでしょう。そして、どこへ行ってしまうのでしょう。古代ギリシャの哲学者アリストテレス（紀元前384年生）は、ツバメは冬になると地中に潜って隠れると考えていました。また、1555年にスウェーデンの歴史学者オラウス・マグヌスは「北方の海ではしばしば漁師が網を引き上げると、魚と一緒に多数のツバメが団子状になって獲れる」と本に書き、ヨーロッパでは19世紀になってもこれを信じる人が多かったのです。そういえばアンデルセン（1805年生）の童話『親指姫』では、親指姫が弱ったツバメを助けて、土の中のモグラの家の片隅でツバメを介抱していましたね。

でも、イギリスの詩人オスカー・ワイルド（1854年生）の『幸福の王子』では、王子の像と仲良くなったツバメは、仲間のツバメがエジプトに渡って行った後もそこに残って、冬の寒さに耐え切れずに死んでしまうのですから、この頃には渡りについて、多くの人が理解していたのでしょう。

お隣の中国では、春秋戦国時代の呉（～紀元前473年）の官女が毎年家に帰ってくるツバメが同じツバメなのかどうかが知りたいと、そのツバメの足に赤い細紐を結んだと記載されています。これが世界で初めて鳥に付けられた標識になりました。日本では、8世紀につくられた万葉集に「燕来る時になりぬと雁がねは本郷思ひつつ雲隠り鳴く」の一首があり、鳥の渡りは身近なものだったことがわかります。

フィリピンまで2000キロメートルの旅も確認

さて、話を現代に戻しましょう。山階鳥類研究所が環境省の委託を受けて行って

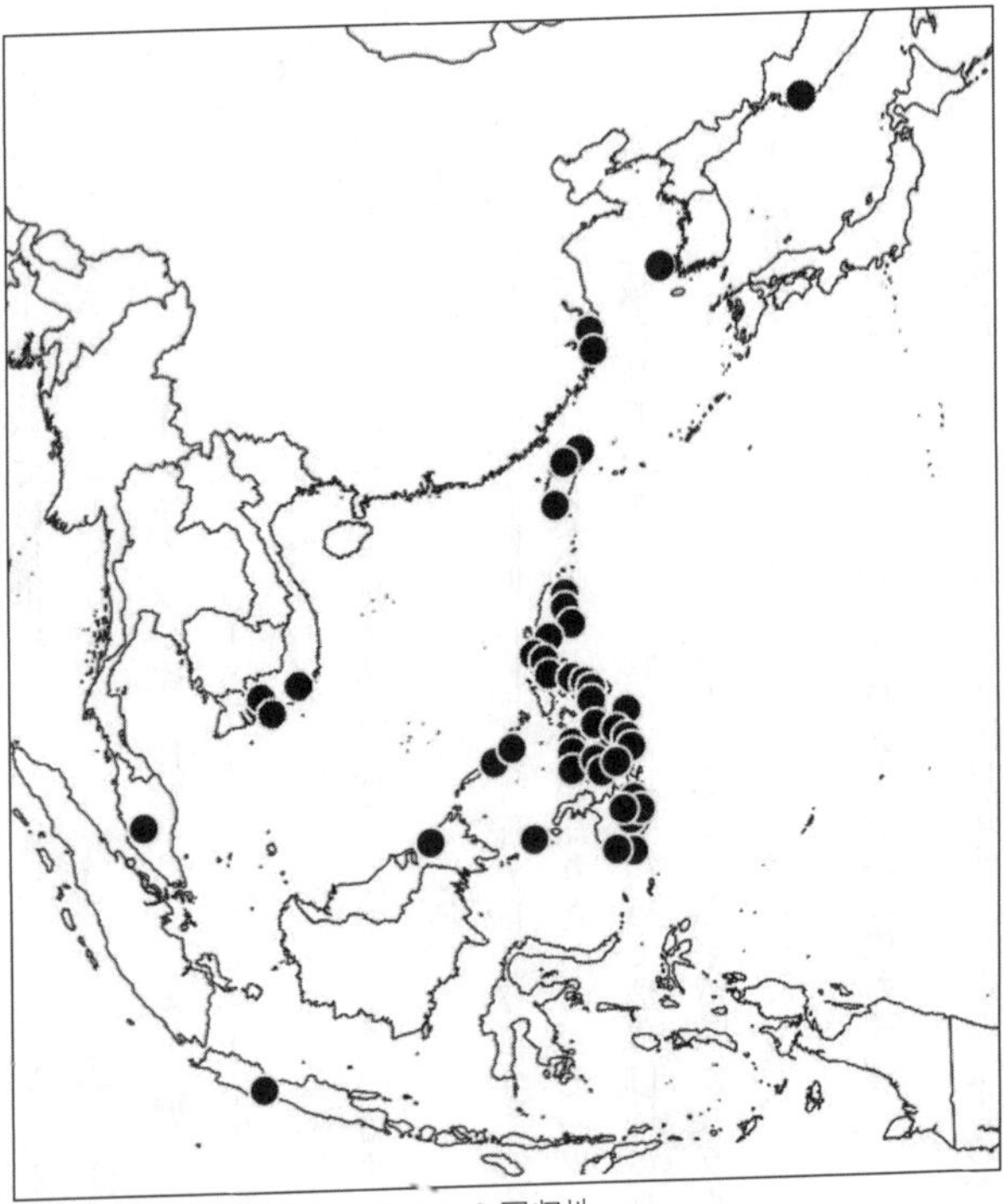

日本で繁殖期に標識したツバメの回収地

いる鳥類標識調査のデータから、日本で生まれたツバメが具体的にどこに渡っていくのかを知ることができます。

日本で放鳥されて海外で回収された69例のうち、繁殖期に放鳥されてから6カ月以内に見つかったものは、台湾3、フィリピン32、ベトナム3、マレーシア2、インドネシア1の41例あります。中でも一番速く渡った例は、1991年8月31日に大阪市の淀川河川敷で標識を付けて放鳥されたツバメが翌月の9月16日にフィリピンのバタンで見つかったもので、わずか16日間で2708キロメートルを飛んで行ったのです。毎日飛び続けたとして平均すると1日169キロメートル飛ぶことになります。マラソン選手でも2時間かけて42・195キロメートルを走るのがやっとですから、鳥の渡りの凄さを見せ付けられる思いがします。

ツバメは、南の国でどうやって過ごしているのでしょう。山階鳥類研究所が行ったタイ・インドネシア・マレーシアでのツバメの調査では、夜、市街地の電線にびっしり並んでねぐらをとるツバメが観察されています。巣づくりは家の軒下、そして越冬に出かける南国の夜は電線で眠る。ツバメはどこでも人の身近にいる鳥なのですね。

（吉安京子）

生き物の中に生き物。鳥が「地球」になる虫たち

鳥の羽や体表に棲むいろいろな生き物

ここでのお話は鳥の体に寄生する虫のなかまについてです。

鳥の体には羽毛、血液、皮膚などを食物として生活する外部寄生虫と呼ばれる生き物が知られています。その代表的なものとして、ハジラミ、ノミ、シラミバエ、ダニが挙げられます。これらの生き物はただ単に「虫」としてひとくくりにされてしまうことが多いのですが、動物分類学でのカテゴリーでは、ハジラミ、ノミ、シラミバエは昆虫の仲間、ダニはクモやサソリの仲間に分類されている生き物です。これら鳥の外部寄生虫は宿主である鳥に依存し、高度に鳥の生活に適応して進化してきた特殊な生き物といえるでしょう。

これらの生き物のことを簡単に紹介すると……。

ハジラミ（ハジラミ目または食毛目《しょくもうもく》）は、もともと鳥の巣に住んでいるチャタ

テムシから進化して鳥類や一部の哺乳類に寄生するようになったと考えられています。世界中で約４０００種が知られています。主に鳥の羽毛を食物とし、卵から成虫まで、終生鳥の体でくらします。

ノミ（ノミ目または隠翅目《いんしもく》）は哺乳類や鳥類の体や巣、巣の周辺でくらしています。宿主から吸血するのは成虫のみで、現在約２５００種が知られています。

シラミバエ（ハエ目または双翅目《そうしもく》）はその名の通りハエの仲間です。現在この仲間は約２００種が知られていますが、なかには鳥の体で暮らすには翅《はね》を必要としなかったためか、イワツバメシラミバエのように翅がリボン状に退化して飛べなくなってしまったものも知られています。

さて、ダニですが、このグループはちょっと厄介です。鳥に寄生するダニの仲間

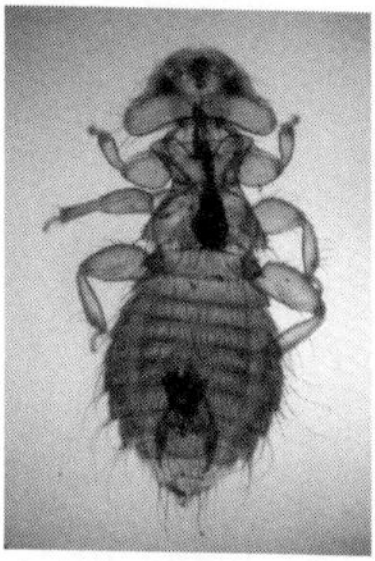
オオミズナギドリのハジラミ

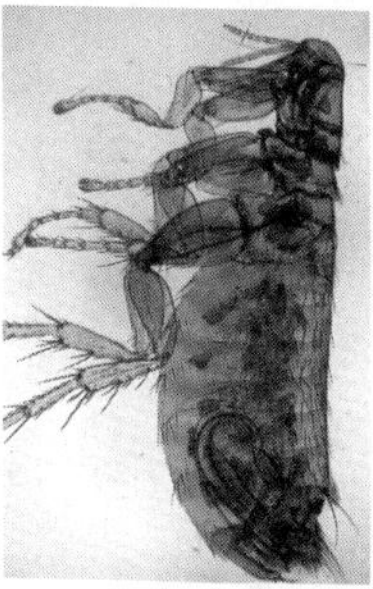
オオミズナギドリのノミ

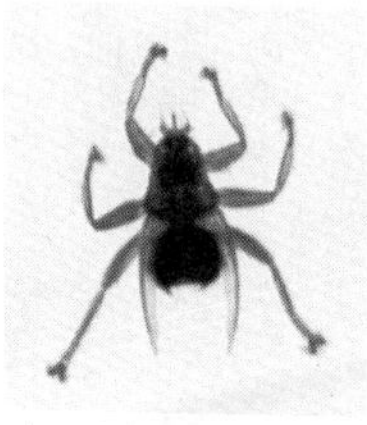
イワツバメのシラミバエ

アカオネッタイチョウのウモウダニ（写真＝長堀正行）

には、羽毛や羽軸に寄生するウモウダニやウジクダニ、鳥の体表に寄生して吸血するマダニ類、皮膚の下に寄生するヒカダニ、羽軸に棲むダニを餌にしているツメダニ類など18のグループが知られています。私たちが一般的にダニを思い浮かべると、ペットのイヌやネコに取りついて血を吸う気持ち悪いムシ。さらにダニのなかには、ツツガムシ病、ライム病、回帰熱、そして近年マダニが媒介する感染症として新聞やテレビで放映されるＳＦＴＳ（重症熱性血小板減少症候群）といった人獣共通感染症を引き起こす病原体を持っているものがいるため、全くもって嫌われ者、悪者のイメージがありますが、実はそんな悪者ばかりではないことがわかってきています。近年の研究で、鳥の体に付着した古い油やカビといった、いわゆるゴミを食べて生きているウモウダニについては、鳥の体のお掃除屋さん、鳥の役にも立っているんじゃないかということから、現在これらのダニは寄生ではなく共生であるとされています。

このようにダニの仲間は、その形態も生活史も多種多様で、分類・生態などほとんどのことがまだよくわかっていない謎だらけの大きなグループです。

宿主を殺さないよう、生活に上手に適応

ダニに限らず、これら鳥の外部寄生虫についてはまだまだわからないことがたくさんあります。これらの外部寄生虫は、鳥（宿主）がいなければ生きていけません。つまり宿主である鳥が死んでしまうと、別の鳥の体に乗り換えることができなければ自分も死んでしまうのです。そんなことから、鳥の外部寄生虫は自分の生活場所である鳥に致命的なダメージを与えないよう、鳥の生活に上手に入り込み、宿主と共に繁栄してきたといえるでしょう。

しかし、外部寄生虫が鳥の体で暮らすのは決して楽なことばかりではないでしょう。鳥が日常的に行う羽《は》づくろい、水浴びや砂浴び、そして換羽《かんう》。どれもこれら寄生虫にとっては恐ろしい出来事に違いありません。虫にとっての地球（鳥の体）は危険がいっぱいなのです。

（鶴見みや古）

コロニーに積もった糞は宝の山

世界市場で取引された鳥の糞

化学肥料がなかった時代、海鳥の糞は良質な肥料として重宝され、その価値は高いものでした。海鳥の糞が堆積したものを「グアノ」といい、世界で最も有名な産地は、南米ペルーのチャンチャ諸島です。主にグアナイムナジロヒメウという名のウの糞がグアノを形成しました。グアノはこの鳥の現地名「グアナイ」に由来します。

チャンチャ諸島のグアノは、ドイツの自然科学者で探検家のアレクサンダー・フォン・フンボルトによって19世紀初めに発見されました。そのとき、約6メートルもの厚さのグアノが堆積していたといいます。高温で雨量が少ない乾燥した地方のため、海鳥の糞中に含まれた窒素はほとんど分解されません。そのため、有機窒素を多く含み、肥料としてはたいへん良質なものでした。

19世紀中頃にはグアノは大規模に採取され、主にヨーロッパに輸出されました。これによって、当時のペルー国家は莫大な富を得ていたようです。しかし、19世紀後半には次第に枯渇し、さらに化学肥料が現れると、グアノの需要がなくなっていきました。

グアノの利用は、日本でも行われていました。本州から遠く離れた沖大東島や南鳥島、日本領だったミクロネシアの島々などの南方の島々に、グアノの採集に出向いていたのです。これらの島々のグアノは、窒素が微量でリン酸が多く、燐鉱としての意味合いが強いものでした。これらの島々の気候が高温で雨が多く、さらにサンゴ礁の上に糞が堆積していたため、有機物の分解が進んでいたのです。窒素が多いペルーのものとは違い、肥料の原料やマッチの原料として利用されていたようです。

日本でのグアノの採集は、20世紀初め頃が最も盛んでした。気象庁がまとめた南鳥島の沿革を読むと、一時は島全面に運搬用のトロッコレールが敷かれたほどの設備投資がされたといいますから、経済的価値は相当に高かったと想像できます。

サギ類のコロニーも、糞が有用なものと大切にされてきたが……
（写真＝私市一康）

鳥の糞で学校が建った

肥料としての鳥の糞の利用は、もう少し身近なところでも行われていました。カワウのコロニー（集団繁殖地）として有名な愛知県知多半島の「鵜《う》の山」では、コロニーの林に砂をまいて落ちてくる糞を集め、肥料として使っていました。この収益で小学校が建てられたとのことですから、やはりこれも経済的に価値が高かったことを表しています。

このほか、かつてあった千葉市大巌寺のカワウのコロニーや、さいたま市のサギ類のコロニー「野田の鷺山《さぎやま》」でも糞は肥料として有効利用され、利益をもたらすこれらの鳥は手厚く保護されていました。しかし、1970年初めに、大巌寺も野田の鷺山もコロニーが消滅してしまいました。水質の汚染や開発による採餌場所の消失などがその原因に挙げられています。

近代化した現在の農業では、野鳥の糞を肥料にすることはなく、利用価値を失ったウやサギのコロニーは、汚い、臭い、うるさいなどと厄介もの扱いされています。昔の人たちが上手に行ってきた鳥との共存が、現在では難しくなっているのは残念なことです。

（小林さやか）

日本の国鳥がキジになったわけ

戦後間もなく、鳥類保護の思想普及のため設定

日本の国鳥がキジに指定されたのは、戦後間もない1947（昭和22）年のことです。当時の日本にはまだ鳥類保護の思想は普及しておらず、あちこちで野の鳥が捕られていました。マッカーサー率いる連合国軍総司令部天然資源局の野外生物課長として日本に赴任していたオースチン博士は、日本の鳥が減少していることを指摘し、野鳥を保護するように日本政府に勧告しました。これを受け、当時の農林省は狩猟鳥の制限を厳しくし、文部省は愛鳥教育を取り入れました。その一つとして、バードデー（愛鳥日）が制定されることになったのです。当時、バードデーは4月10日でしたが、その後1980（昭和25）年から、バードウィーク（愛鳥週間）と名称が変わり、期間も5月10～16日になりました。

日本鳥学会がキジを選定した理由は？

文部省は、バードデーの設定に関連して鳥類保護の思想を普及させるのに、象徴となる国鳥の選定を、鳥学者が集まる日本鳥学会に依頼しました。これを受けた日本鳥学会では、同年3月22日の第81回例会で国鳥の選定を議論することにしました。当時の文献から、この例会の様子をうかがい知ることができます。鳥学者ら22名が出席し、こんな会話が交わされました。


「皆さん、どの鳥を国鳥にしたらいいでしょうか」

「キジか、ヤマドリがよいと思います。日本特産の種類ですし…」

「平和の象徴のハトはいかがでしょうか」

「美しい声で歌うヒバリやウグイスもいいですね」

「いろいろご意見がありますので、多数決で決めましょう」


そして、最も多くの票を得たのがキジでした。どのような理由でキジが票を得たのでしょうか。

第一に、日本特産種の一つで、本州・四国・九州で一年中見られる留鳥であること。日本特産種の中でもキジは人里近くに生息し、目にする機会も多い鳥です。

第二に、雄の美しい羽色や勇敢な性質、雌の母性愛の強さなどの性質が多くの人に好まれていること。キジの雌は、「焼野の雉《きぎす》、夜の鶴」ということわざがあるように、野火が巣に近づいてきても巣を離れず、自分の身が危険になっても卵を抱き続ける習性を持つとして、一般に母性愛が強い鳥といわれています。

第三に、日本の文学や芸術などで「古くから親しまれていること。たとえば、昔話の「桃太郎」などは子供たちにもなじみのある話で、キジは老若男女を問わず知られています。

第四に、ゲームバード、いわゆる狩猟鳥としてもなじみが深いこと。現在なら、「国鳥が狩猟鳥なのはおかしい」と考えるかもしれませんが、当時は「狩猟鳥である」ことも、国鳥に選ばれた理由に挙げられていました。

こうして、キジこそ最も国鳥にふさわしい、ということになったのです。

（小林さやか）

ウソで嘘を清算する？　天神様の鷽替え神事

ウソを誠に取り替えて幸運をいただく

年が明けて間もなく、各地の天満宮（天神様）で「鷽替《うそか》え」という神事が行われます。本家である九州の太宰府天満宮では、参詣者が鳥のウソ（鷽）を模した木彫りを持って境内に集まり、暗い中で「替えましょう　替えましょう」と言い合いながら、木彫りのウソを互いに取り替えます。これは、昨年一年間についた嘘や災いを木彫りのウソを替えることで清算し、神前で天神様の誠心に取り替えて幸運をいただくという意味だそうです。このときに、神社の神職が参詣者にまぎれて、6体の金のウソを持って、木彫りのウソと交換します。金のウソはなかなか交換してもらえるものではないので、これを授かった人はさらなる幸運を得られるといわれています。

鷽替えの方法は、場所によっても違うようです。東京の亀戸天神では神社に古い木彫りのウソを納め、新しいウソを買って帰ります。湯島天神の鷽替えに出かけたことがありますが、この方法でした。

鷽替えの起源はスズメバチ退治?

鷽替えは、太宰府天満宮で節分に行われる追儺《ついな》祭の付帯行事として行われていました。ある伝説によれば、追儺祭を行っていたときに、社殿に巣をつくっていたスズメバチがまかれた豆に驚き、奉仕の人々を刺して悩ましたので、ハチを追い払うために、ハチを食うと信じられていたウソの形をしたものを手に持つようになった、のが始まりとのこと。実際にはウソがハチを食べることはないのですが、太宰府周辺の地方では、ハチが顔の近くに来たら口笛でウソの鳴き声をまねるとハチが嫌がって飛び去る、との言い伝えがあったそうです。

また、鷽替えは1年中の嘘のざんげで、虚言(うそ)と虚言(うそ)を交換するもの。「嘘」と「鷽」が同音であることから木彫りのウソを交換するに至った、との説もあります。はっきりした起源はわかりませんが、江戸時代に太宰府にならって、大阪天満宮や東京の亀戸天神でも催されるようになりました。催される日は各

各地の天満宮の鷽替え神事で手に入る木彫りのウソ

地でまちまちで、太宰府天満宮では1月7日、長崎の坂上天満宮は2月4日、大阪天満宮と亀戸天神は1月24、25日、福岡県三井郡の北野天満宮では2月25日となっています。これは節分や天神様である菅原道真公に左遷の命が下った日（1月25日）、あるいは道真公の命日（2月25日）にちなんでいると思われます。

ウソの名誉のために付け加えておくと、ウソの名は「嘘つき」の「うそ」からくるものではありません。口笛のような声で鳴くことから、口笛の意味である「嘯《うそぶ》く」からきています。

（小林さやか）

取り合わせのよいことのたとえ、「梅に鶯」を考える

「松上の鶴」はあり得ないが……

広辞苑で〝梅に鶯《うぐいす》〟の項を引くと、「とりあわせのよいことのたとえ」とあります。鳥と植物のとりあわせを考えるとき、植物の方が松竹梅とくれば、鳥の方は〝松上の鶴〟、〝竹林の雀〟、〝梅に鶯〟が思い浮かびます。

竹林と雀との関連は、確かにスズメの秋から冬にかけてのねぐらは竹藪《やぶ》ですから、スズメの生活の中で竹林とは関連の深いことが理解できます。しかし、古来よく使われる〝松上の鶴〟は鳥学上は誤りです。ツルは湿地に生活する鳥で、樹上にとまることはありません。松の木にとまるのは、鸛《こうのとり》であると指摘されています。では〝梅と鶯〟にはどれほどの関連があるのでしょうか。

万葉集の五巻・雑歌に、天平二年正月一三日の歌として「梅の花ちらまくおしみわがそのの竹の林にうぐひす鳴くも」があります。私なりに解釈しますと、梅の花

が散って惜しまれるときに、庭の竹林でウグイスがさえずり始めました、という意味だと思います。梅もウグイスも季節としては春ですが、梅の香りの方が一足早い春で、ウグイスのさえずりは少し遅れた春を表し、同じ季節内の時間的なずれに想いをよせているのでしょう。

〝梅〟の香りは、植物の春を表す言葉として重要な地位を占めているのはよくわかります。〝鶯〟とても鳥の春を表す言葉として重要です。ウグイスの異名には、報春鳥《はるつげどり》、花見鳥、春鳥、匂鳥《にほひどり》というように春を連想させる名前があります。古今和歌集の中に「春きぬと人はいへども鶯の鳴かぬかぎりはあらじとぞ思う」という歌があります。この意味は、春が来ましたと人は言うけれど、ウグイスのさえずりを聞くまでは春が来たとは、私には思えません、という解釈でしょうか。そこで梅と鶯は春を表す重要な言葉として、広辞苑のいう〝とりあわせのよいことのたとえ〟になるのでしょう。

梅に来たのは本当はメジロだった？

〝うぐいす餅〟という和菓子があります。餅や求肥に餡を包み、青黄な粉をまぶしたものですが、色や形をウグイスに似せたために〝うぐいす餅〟と名付けられました。いま町の和菓子屋で売られている〝うぐいす餅〟は、本来のうぐいす色をしていません。うぐいす色とは、ウグイスの背の色を指し、緑に茶と黒のかかった色で、たいへん地味な感じの色です。いまの〝うぐいす餅〟に使われている黄な粉の色は、人工着色したものでしょうか、明るい黄緑色をしています。これはウグイスの背の色ではなく、むしろメジロの背の色です。

ここで〝梅に鶯〟という言葉にも混乱が生じます。メジロは梅の花の蜜が大好きで、梅の花が咲くと群れをなしてやってきて、花から花へと忙しく動き回り蜜を吸います。まさに〝梅に目白〟です。これを見て、古来使われてきた〝梅に鶯〟というのは間違いで本当は〝梅に目白〟であるのを、昔の人が〝鶯〟と見誤ってしまったのではないかと、バードウォッチャーが考えてしまうのも無理からぬことでしょう。

（柿澤亮三）

「七つの子」は七羽の子？　それとも七才の子？

童謡の歌詞とカラスの生態

からす　なぜ鳴くの　からすは山に
かわいい七つの　子があるからよ

というのは誰もがおなじみの童謡「七つの子」です。「赤い靴」や「しゃぼん玉」など、多くの童謡を手がけた野口雨情の作詞ですが、この歌詞のことで、実はたびたび質問を受けています。「七つの子」が7羽の子なのか、7才の「子」なのか、ということなのですが……。

まずは歌詞の主役であるカラスの生態を紹介しましょう。皆さんが「カラス」と呼んでいるのは、主にハシブトガラスとハシボソガラスです。

どちらも真っ黒な姿をしていますが、その名の通り、嘴《くちばし》が太く大きいのがハシブトガラス、細く小さいのがハシボソガラスです。どちらも3月頃から巣をつくり

始め、ハシブトガラスは1度に3〜5個、ハシボソガラスでは3〜6個の卵を産みます。20日ほど雌だけが卵を温め、ヒナが孵《かえ》ると、雄と雌が協力して約1カ月間、巣の中で子育てします。ヒナは、見た目が親鳥と変わらない大きさに成長した頃巣立ちを迎えますが、巣立ち後もしばらくは親から餌をもらいます。やがて親から独立して若鳥が集まる群れへと入っていきます。そして、2〜3年後には繁殖ができる年齢になり、自身も親鳥になります。

7羽も、7才も実際にはあてはまらない

このように、実際のカラスの生態から考えたときに、一般に7個の卵を産むことは稀《まれ》で、「7羽のヒナ」は考えにくいことがわかります。また、7才より前に親鳥になってしまうので、「7才の子」もあ

てはまりません。

どうして作者が「七つ」という数を詩に詠んだのかわかりませんが、素朴で哀愁ただよう味わい深い歌であり、今も昔も変わらずに多くの人々に愛される童謡には違いありません。

この詩から、夕暮れ時、カラスが山のねぐらへ群れをなして飛んでいくさまが思い描かれます。野口雨情が詩に詠んだ頃に比べ、ねぐらになる山も開発され少なくなってしまいました。今ではすっかり邪魔者扱いされるカラス。この歌をカラスが理解できたなら、「いい時代もあったんだなぁ」と思うことでしょう。

（小林さやか）

本当に起こる？　貝と鳥の「鷸蚌《いっぽう》の争い」

「漁夫の利」でおなじみの中国の寓話

「漁夫の利」という言葉は有名ですが、「鷸蚌《いっぽう》の争い」という言葉はあまりなじみがないかもしれません。二つの言葉は中国の同じ物語からできた成語で、もとの物語はシギと貝が喧嘩をする次のような話です。

易水という川の岸辺で蚌《ぼう》（ドブガイ、カラスガイ、ハマグリなどといわれる）が身を出して日なたぼっこをしていたところ、鷸《いつ》（シギ）が来て肉をついばみました。蚌は貝を閉じてその嘴《くちばし》を挟みました。鷸が貝を開かせようとして「今日も明日もこのまま雨が降らないとおまえは死んでしまうぞ」と脅すと、蚌も負けずに「今日も明日もこのまま嘴が挟まれたままならおまえは飢えて死んでしまうぞ」と脅し、どちらも一歩も引きません。そこに漁師が通りかかって、両方とも捕まえてしまいました。

これが「漁夫の利」で、争いごとに乗じて、第三者が利益を得ることをいいます。そして「鷸蚌の争い」は、第三者を利するばかりで自分たちに何の得にもならない争いのことをいいます。この寓話は、中国の戦国時代に隣国の燕を攻めようとしていた趙の恵王に、蘇代という戦略家が、そういうことをしていると強国の秦に二国とも攻め滅ぼされてしまうという警告のために語った話として、中国の『戦国策』という古典に記されています。

漁夫の利なるか？（写真＝山形則男／アマナイメージズ）

　シギが貝を食べようとして嘴を挟まれるなんて、ばかばかしいお話ですが、そういうことは実際にもまれにシギの仲間や近縁のチドリの仲間で観察されています。上の写真は、愛知県の汐川干潟で撮影された、アサリに嘴を挟まれたオオソリハシシギの写真です。こういう場合の結末を見届けるのはなかなか難いようです。

しいですが、一般的にはおそらく先に貝が弱ってシギが解放されるのではないかと思います。少なくとも、鳥が貝に挟まれたまま死んでしまったという観察報告はないようです。

そして、シギやチドリは相当大きな貝に挟まれたのでなければこの状態でも飛べるので、人が通りかかっても「漁夫の利」を占めることは難しいでしょう。前ページの写真のオオソリハシシギも、貝に嘴を挟まれたまま飛んで行ったそうです。ただし、この写真を撮影された山形則男さんは、オオソリハシシギよりずっと小さいメダイチドリが大きな貝に嘴を挟まれ、その重さに飛べなくなったところを保護して、貝をはずしてやったことがあるそうです。そういうわけで「漁夫の利」も全くありえない話ではないのです。

貝を専門に食べているミヤコドリというシギの仲間では、半開きの貝の身をつつくときは、のみのような左右に偏平な嘴でまず貝柱を切るようにつつき、頭ごと嘴をすばやくねじって貝をこじあけてしまうそうです。シギやチドリの仲間でも貝専門に食べる種ではない場合や、経験の浅い若い鳥が挟まれてしまうのでしょうか。

（平岡　考）

鳥の残したものを人が使う津軽地方の「雁風呂湯」

流木でガンの霊を供養

渡り鳥は毎年遠い異国からやって来て、また遠い国に帰って行きます。昔の人でなくても、鳥たちのこの途方もないスケールの大旅行の苦労を想うとき、鳥たちに畏敬の念を抱きます。

昔から津軽地方に伝わる、「雁《がん》風呂湯」という話があります。雁は海を渡ってくるときに木片をくわえて飛び、疲れたときに木片を水に浮かべ、その上で休むのだと信じられていました。江戸時代の『採薬使記』には次のように記されています。

「奥州ソトガ浜アタリニハ、毎年秋雁ノ来ル頃、此所ニテ羽ヲヤスメ、嘴ニ一尺計ノ木ノ枝ヲ含ミ来ルヲ捨テ置キ、又南方へ飛ビ去ル、来春帰ル頃、捨置キタル木ヲ又一本ヅツフクミ北海へ帰ル、然レドモ帰ル雁ハ希ニシテ、右ノ木ノ枝残レル数ヲヨシ、彼所ノナラハシニテ件ノ木枝ヲトリ蒐メ、風呂ヲ焼キ諸人ニ浴ミサセシム、

ガンの仲間のヒシクイ（写真＝西巻 実）

他国ニテ多ク人ノ為ニ捕レタル雁ノ、供養ナル由、毎春ノ例トセリ、是ヲ俗ニ外ガ浜ノ雁風呂湯ト云」

雁風呂という言葉は、俳諧の春の季語にもなっています。この伝説の真実味は、ガンの渡ってくる時期と流木が海岸に打ち寄せられる時期が一致すること。その流木が冬の間に充分に乾き、春に薪として利用できること。さらに、渡ってきた雁が多くは人のために犠牲となったのを哀れんで、その霊を供養してやること。日本人の心の琴線にふれるいい話だと思います。

日本の対岸の中国でもこのような

伝説はあるようです。同じく『採薬使記』に中国から日本にやって来た人の話として、次のように記されています。「日本渡海ノ唐人語テ云フ、唐土ノ北方西国ノ北辺ニ、毎年鴻雁ノ来レル時、枯木ノ細枝ヲ嘴ニクハエタルヲ落ス所アリ、土人ソノ枝ヲ集メテ薪ニ売ル者アリ、其値毎年白銀五万両ニ及ベリト云フ」

よく似た話ですが、春に流木を集めて薪として売るというのは、何となく風情に欠ける話です。

鳥に知られぬよう、下からいただく

鳥が残したものを人が利用する例は、ほかにも知られています。ミサゴという魚食性のタカ類がいます。空中から大きな魚を襲い、文字通り鷲掴《わしづか》みにして巣や決まった場所まで運びます。江戸時代の『甲子夜話《かっしやわ》』という随筆集に、次のように記されています。

「かの鳥その捕たる魚を積みおきて餌とす、この魚自然の酢氣ありて味好し、人これを〝みさご酢《すし》〟と称す、これを取るには梯子などを設置き、かの鳥の居ざる時を窺い、俄にかしこに往き、かの積魚を下より取りて上を残す、然るときは鳥帰り来ても知らず、もしこれを上積より取るときは、鳥知て後再び来らず、巣をも他に移すと云」

この〝みさごの酢〟もなかなか含蓄のある面白い話と思われるので紹介しました。

（柿澤亮三）

「バーディ」「イーグル」「アルバトロス」ゴルフに登場する鳥たち

羽が生えたボール、「ザッツ・ア・バード！」

ゴルフの用語に鳥の名が使われているのをご存じでしょうか。ゴルフを少しでもたしなむ方はご存じのことと思いますが、1ホールの標準打数（パー）より1打少ないスコアを「バーディ（小鳥）」、2打少ないのを「イーグル（ワシ）」、3打少ないのを「アルバトロス（アホウドリ）」といいます。なぜこんなところに鳥の名が付けられたのでしょうか。作家でゴルフ史にも詳しい摂津茂和氏が著した『ゴルフ千夜一夜』（ベースボールマガジン社）にそのいきさつが書かれています。

1903年、アメリカ東部、アトランティック・シティ郊外のゴルフ場で、フィラデルフィア・カントリー倶楽部のメンバーがゴルフを楽しんでいました。その中のアマチュア選手デーブ・スミスが1打目を240ヤード、2打目を230ヤードも飛ばし、バンカーを越えてピンそばへ寄せました。一緒にプレーをしていたコース設計家アーサ・ティリングハーネストには、ボールに羽が生えて、まるで鳥が飛んだように見えたのでしょう。「ザッツ・ア・バード!」と叫んだそうです。こうして、デーブ・スミスはアマチュアで初めてパーより1打少ないスコアで勝ち、その後彼らが所属していたフィラデルフィア・カントリー倶楽部の中で、パーより1打少ないスコアを「バードが出た」というようになりました。そして、それが全米各地に広まって、いつしか「バーディ」と呼ばれるようになったということです。

イーグルよりすごい鳥は?

その後、さらにパーより2打少ないスコアが出て、これもアメリカ人が鳥の王様である「イーグル」と名付けました。そして1921年、英米アマチュアゴルファーの対抗試合でのこと。午前中の試合が終わってイギリス側の惨敗の後の昼食の席で、イギリス人シリル・トレイがアメリカ人で後のマスターズトーナメント創設者であるボビー・ジョーンズをつかまえてこう言ったそうです。

「バーディやイーグルはアメリカ人の新造語だけあってよく出すが、鳥の王様のイーグルを使ってしまったのなら、その上の1ホールで3アンダー・パー（パーより3打少ないスコア）はできないと諦めたらしいね。もしそれが出たら、イギリス人が栄光ある鳥を命名しようじゃないか」と。

トレイはジョーンズを力ませてやろうとの作戦だったのですが、午後の試合でジョーンズは520ヤードのロングホールでパー5のところを2打であがってしまったのでした。試合後の懇親会で、ジョーンズはトレイに命名の義務をはたしてくれと迫ると、しばらく考えた後トレイは「アルバトロス！」と叫び、拍手喝采を浴びました。アルバトロス、すなわちアホウドリは何時間も羽ばたくことなく洋上を飛翔するその姿から、海外では美しい海の女王のイメージがあります。しかし、陸上では不器用にしか動けないことから、日本では「アホウドリ」の名が付きました。そして、この名は明治の頃、羽布団の原料にするために乱獲された悲しい歴史を背負っています。

ゴルフの話に戻ると、皮肉なことにアメリカではイギリス人が名付けた「アルバトロス」よりも、「ダブルイーグル」の方が定着しているそうです。（小林さやか）

「007」のジェームズ・ボンドは鳥類学者

机の上にあった鳥の本から命名

イギリスの小説家イアン・フレミング（1908〜1964）の原作による、イギリス諜報部員ジェームズ・ボンドを主人公とする『007シリーズ』は、最初の作品『カジノ・ロワイヤル』（1953年）から2022年で70周年を経ました。62年の『ドクター・ノオ』の映画化により世界中に知られるようになり、近年も最新作『ノー・タイム・トゥ・ダイ』が封切られ話題となりましたが、本物のジェームズ・ボンド（1900〜1989）は、イギリスのスパイではなく、西インド諸島の鳥類の研究のパイオニアとして著名なアメリカの鳥類学者です。彼は50年以上も西インド諸島の鳥類を研究した学者で、西インド諸島には彼の名前にちなんでデイヴィッド・ラック（1910〜1973）によって命名された、生物地理学上の境界線「ボンド線」まであります。

ジェームズ・ボンド博士は1936年に『西インド諸島の鳥類』を出版し、47年にはそれをもとに『フィールドガイド　西インド諸島の鳥類』を、さらに60年には口絵にカラープレートを挿入した改訂第2版を出版し、この本は85年に改訂第5版が出版されています。

晩年をしばしば西インド諸島のジャマイカ島の別荘で『007シリーズ』を書いて過ごしたイアン・フレミングは、彼の別荘を〝ゴールデンアイ（ホオジロガモ）〟と名付けていました。特に西インド諸島でのバードウォッチングを至上の楽しみとしていたフレミングは、『007シリーズ』の主人公の名前に悩んでいたとき、机上にあった西インド諸島の鳥類のフィールドガイドに目が止まり、主人公をジェームズ・ボンドとすることにしたということです。

本物のジェームズ・ボンドはただ1度だけ、1964年2月5日に〝ゴールデンアイ〟でイアン・フレミングに会い、フレミングから彼の最新刊『007は2度死ぬ』を受け取っています。本には著者のサインと日付に添えて「本物のジェームズ・ボンドへ」、と書かれていました。

（茂田良光）

ジョン・グールドの豪華で美しい鳥類図譜

愛称は「バードマン」

19世紀の英国に、その名も「バードマン（鳥の人）」の愛称で知られた人物がいました。彼の本名は、ジョン・グールド。庭師の息子として生まれたグールドは、父の職業を継ぐ過程で鳥や動物などの剝製術にも熟達し、やがて、ロンドン動物学会博物館の初代管理者として鳥類学に大きく貢献するようになっていきます。

当時のヨーロッパでは、世界探検の船によって世界各地で発見された膨大な数の新種生物が届けられ、人々の間に一種の博物学ブームが盛り上がっていました。そこで、彩色をほどこした挿し絵図法の発展もともなって、さまざまな分野の図鑑が出版されました。グールドは、職業上有していた世界各地の鳥類標本をもとに、『ヒマラヤ山脈百鳥類図譜』を皮切りとして、半世紀にわたる生涯の間で40巻余りもの図鑑を出版しました。その対象となったのは、アフリカ大陸を除く実にすべての大陸に生息する鳥類であり、描いた図版は約３０００枚になりました。

石版刷り手彩色の巨大な図版

この時代の図鑑（図譜）の豪華さを表すものとして、まずその大きさが挙げられます。グールドの図譜はいくつかの異なる大きさで出版されていますが、最も大きなものは縦56センチメートル×横39センチメートルにも及ぶ大きさで、この中に等身大で描けるものはそのままに、ワシやツルの仲間など大き目の鳥は縮小して描き込まれています。

カラー印刷の技術は普及していなかったため、黒白の石版刷り印刷をした図に、一つ一つ丁寧に手彩色をほどこします。初期の作品は、妻エリザベスが挿し絵を担当しました。夫妻協同の作業は彼女の早逝によって終わりを迎えますが、グールドの優れた才能は、学者としてだけでなく組織力にも生かされ、自分で描いたラフスケッチをもとに、画家たちを駆使して図譜の製作を指揮しました。

輝く羽を再現した『ハチドリ科鳥類図譜』が絶賛

『ハチドリ科鳥類図譜』のオウギハチドリの絵

彼の多くの作品には、各鳥類とともに、その鳥が生息する環境風景や植物が美しく描かれています。中でも背景と鳥の組み合わせが最も華麗なものは、『ハチドリ科鳥類図譜』でしょう。

グールドは、金箔の上にニスを塗るなどして、ハチドリの金属光沢のある色鮮やかな羽を見事に表現しました。また、小さな鳥を等身大で大判図版に描く都合上多く生じてしまう余白に、蘭をはじめ生息環境に生える色とりどりの花々を併せて描き込んでいます。さながら植物画としての趣さえ持つこの美しい図譜は英国の人々から絶賛され、本国には生息しないハチドリへの関心を大いに高める契機にもなりました。

（黒田清子）

唐沢孝一 (2023)『都会の鳥の生態学』中公新書2759. 中央公論新社
231) 環境省 (2023) 環境省特定外来生物等一覧（最終更新：令和5年6月1日）
https://www.env.go.jp/nature/intro/2outline/list/L-to-01.html
235) 川端裕人 (2021)『ドードーをめぐる堂々めぐり』岩波書店
Hachisuka, M. (1953) The Dodo and kindred birds: or extinct birds of the Mascarene islands. H.F. & G. Witherby
239) シルヴァーバーグ , R. (1983)『地上から消えた動物』早川書房
Bucher, E. H. (1992) 'The causes of extinction of the Passenger Pigeon' in Power, D. (ed.)
"Current Ornithology", vol.9. Plenum Press.
243) Cooper, J. H. (1998) 'Cyanopica— a mystery solvedZ'. Bull. B. O. C. 118.
Cooper, J. H. & Voous. K. H. (1999) 'Iberian Azure-winged Magpies come in from the cold'. British Birds, 92.
Cooper, J. H. (2000) 'First fossil record of Azure-winged Magpie Cyanopica cyanus in Europe'. Ibis, 142.
Newton, I. 2003. "The Speciation & Biogeography of Birds". Academic Press.
256) del Hoyo, J., Elliott, A. and Sargatal, J. (eds.) (1992) "Handbook of the Birds of the World". Vol. 1. Lynx Edicions.
259) J. C. Welty & L. Baptista (1988) "The Life of Birds". 4th ed., Saunders Collage Publishing.
N. S. Proctor & P. J. Lynch (1993) "Manual of Ornithology". Yale University Press.
262) M. Fujita, 2002. "Head bobbing and the movement of the centre of gravity in walking pigeons". J. Zool. Lond., 257.
265) 小西正一 (1994)『小鳥はなぜ歌うのか』岩波新書
268) 黒田長礼 (1935)「「鳥の佛法僧」と「聲の佛法僧」」野鳥 , 2 (8)
内田清之助 (1935)「佛法僧問題の経緯」野鳥 , 2 (8)
中西悟堂 (1971)「ブッポウソウのなぞ」(『こども野鳥記５ キジとヘビの戦い・庭に小鳥を呼ぼう』より) 偕成社
279) 熊谷三郎 (1944)『都鳥新考』亜細亜書房
283) del Hoyo, J., Elliott, A. and Sargatal, J. (eds.) (1999) "Handbook of the Birds of the World". Vol. 5. Lynx Edicions.
287) R・ロビン・ベーカー (1994) (網野ゆき子訳・中村司監修)『鳥の渡りの謎』平凡社
294) 長堀正行 (2001)「鳥のダニ」青木淳一 (編)『ダニの生物学』東京大学出版会
Price, R. D., Hellenthal, R. A., et. Al. (2003) The chewing lice: world checklist and biological overview. Illinois National History Survey Special Publication 24
298) 内田清之助 (1937)「ヲ－2－d 鳥糞の利用」『脊椎動物大系 鳥類』三省堂
302) 高島春雄 (1948)「国鳥キジ」野鳥 , 13 (1)
蜂須賀正氏 (1947)「國鳥に雉指定さる」鳥 , 12 (56)
305) 安部幸六 (1950)「太宰府天満宮の鷽替」野鳥 , 15 (2)
321) 摂津茂和 (1992)『ゴルフ千夜一夜 摂津茂和コレクション第二巻』ベースボール・マガジン社
サントリー (2001)『よみがえれアホウドリ！復活をめざして』リーフレット
324) Mary W. Bond (1980). "To James Bond with Love". Sutter House.
326) Jean Anker (1973) "Bird Book and Bird Art". Antiquariaat Junk B. V.
モゥリーン・ランボルン (1990)『ジョン・グールド鳥人伝説』どうぶつ社

167) Hunt, G. R., (1996) 'Manufacture and use of hook - tools by New Caledonian crows'. Nature, 379.
Hunt, G. R., Corballis, M. C. and Gray, R. D. (2001) 'Laterality in tool manufacture by crows'. Nature, 414.
172) 尾崎清明・馬場孝雄・米田重玄・金城道男・渡久地豊・原戸鉄二郎 (2002)「ヤンバルクイナの生息域の減少」山階鳥研報, 34
黒田長久・真野徹・尾崎清明 (1984)「クイナ科とその保護について一ヤンバルクイナの発見に因んで一」『山階鳥類研究所50年のあゆみ』山階鳥類研究所
Vuilleumier, F., LeCroy, M. & Mayr E. (1992) "New species of birds described from 1981 to 1990". Bull B. O. C. Suppl, 122A.
Yamashina, Y. & Mano, T. (1981) "A New Species of Rail from Okinawa Island". J. Yamashina Inst Ornithol., 13.
177) 花輪伸一・森下英美子 (1986)「ヤンバルクイナの分布域と個体数の推定について」昭和60年度環境庁特殊鳥類調査
Harato, T. & Ozaki, K. (1993) 'Roosting Behavior of the Okinawa Rail'. J. Yamashina Inst. Ornithol., 25 (1).
尾崎清明・馬場孝雄・米田重玄・金城道男・渡久地豊・原戸鉄二郎 (2002)「ヤンバルクイナの生息域の減少」山階鳥類報, 34 (1)
沖縄県文化環境部自然保護課 (2001)『平成12年度マングース駆除委託業務報告書』沖縄県文化環境部自然保護課
182) 出口智弘 (2022) アホウドリ移住計画はどこまで進んだ？. 山階鳥学誌 54：55-70.
M. Eda, T. Yamasaki, H. Izumi, N. Tomita,S. Konno, M. Konno, H. Murakami, & F. Sato (2020) Cryptic species in a Vulnerable seabird: short-tailed albatross consists of two species. Endang. Species Res. 43: 375 -386. doi. org/10.3354/esr01078
佐藤文男・今野怜・今野美和・富田直樹 (2022) 鳥島初寝崎のアホウドリ新営巣地の安定と個体群増加. 山階鳥学誌54：231-251.
山階鳥類研究所 (2023) アホウドリ 2022-2023繁殖状況. 山階鳥研 NEWS 308号：2面
198) 佐尾和子・丹後玲子・根本稔（編）(1995)『プラスチックの海：おびやかされる海の生きものたち』海洋工学研究所出版部
井田哲治 (2020)『追いつめられる海』岩波科学ライブラリー 294
202) Kricher, J., et al. (2000) 'Made in the Shade. A Coffee Review in Four Parts'. Birding, 32 (1).
Sherry, T. W. (2000) 'Shade Coffee: A Good Brew even in Small Doses'. Auk, 117 (3)
206) 梶田学・真野徹・佐藤文男 (2002)「沖縄島に生息するウグイス Cettia diphone の二型について」山階鳥研報, 33 (2)
216) 森岡弘之 (1989)「ヤンバルクイナとミヤコショウビン」日本の生物, 3 (1)
220) 上田恵介 (1990)『鳥はなぜ集まる？』東京化学同人
川内博 (1997)『大都会を生きる野鳥たち』地人書館
224) 紀宮清子・鹿野谷幸栄・安藤達彦・柿澤亮三 (2002)「皇居と赤坂御用地におけるカワセミ Alcedo atthis の繁殖状況」山階鳥研報, 34
227) 中村和雄 (1997)「都市化する現代にあって一鳥との『共存』は可能か？」Urban Birds, 14 (1)
日本鳥類保護連盟編 (2011)『鳥との共存をめざして』中央法規

81) 平岡考・西巻実 (2002)「シロエリオオハムの換羽」Birder, 16(1)
89) del Hoyo, J., Elliott, A. and Sargatal, J. (eds.) (1992) "Handbook of the Birds of the World". Vol.1. Lynx Edicions.
95) J. C. Welty and L. Baptista, (1988) "The Life of Birds". 4th. ed. Saunders College Publishing.
106) del Hoyo, J., Elliott, A. and Sargatal, J. (eds.) (1992) "Handbook of the Birds of the World". Vol.1. Lynx Edicions.
109) トニー・D・ウイリアムズ他著、ペンギン会議訳『ペンギン百科』平凡社
113) Dumbacher, J.P., Beehler, B.M., Spande, T. F., Garraffo, H.M, & Daly, J. W. (1992) 'Homobatrachotoxin in the genus Pitohui: Chemical defense in birds?' Science, 258.
茂田良光 (1989)「毒のある鳥」やましな鳥研 News, 1 (4)
茂田良光 (1994)「『毒のある鳥』その後」やましな鳥研 News, 6 (2)
茂田良光 (1996)「毒のあるハト」BIRDER, 10 (9)
116) 茂田良光・桑原和之 (2001)「ヒマラヤを越えるツル」木村修ほか(編)『ヒマラヤ - 人・自然・文化 -』千葉県立中央博物館
日本野鳥の会・読売新聞社編 (1997)『翔ける ツルの渡り追跡調査写真集』読売新聞社
120) J. R. クレブス・N. B. デイビス (1987), 山岸哲・厳佐庸共訳『行動生態学』蒼樹書房
123) 山岸哲 (2002)『オシドリは浮気をしないのか』中央公論社
Moller, A. P. (1988) 'Female choice selects for male sexual tail ornaments in the monogamous swallow'. Nature 332.
127) van Rhijn, J. G. (1991) "The Ruff" T. & A. D. Poyser.
131) ニコラス・ウェイド編 (1997), 木挽裕美訳, 安西英明監修『ハチクイは, 旦那が実家に入り浸り』翔泳社
134) 中村雅彦 (1999)「イワヒバリの奇妙な繁殖生態」Birder, 13 (7)
137) 山岸哲編著 (2002)『アカオオハシモズの社会』京都大学学術出版会
Komdeur, J., Daan, S., Tinbergen, J. and Mateman, C. (1997) 'Extreme adaptive modification in sex ratio of the Seychelles warbler's eggs'. Nature, 385.
Nishiumi, I. (1998) 'Brood sex ratio is dependent on female mating status in polygynous great reed warblers'. Behavioral Ecology and Sociobiology, 44.
140) J. R. クレブス・N. B. デイビス (1991) (山岸哲・巖佐庸監訳)『進化から見た行動生態学』蒼樹書房
143) I・ワイリー (安部直哉訳) (1983)『カッコウの生態』どうぶつ社
中村浩志 (1992)「特集II 托卵の謎『托卵する側とされる側の攻防戦―カッコウと新しい宿主オナガ』」アニマ 1992年6月号 (No.237)
149) Jones, D.N., Dekker, R. W. R. J. and Roselaar, C. S. (1995) "The Megapodes". Oxford Univ Press.
154) Oka, N., Suginome, H., Maruyama, N. & Jida, N. (2002). 'Chick Growth and Fledgling Performance of Streaked Shearwaters Calonectris leucomelas on Mikura Island for Two Breeding Seasons'. J. Yamashina Inst. Ornithol., 34.
158) 堀田昌伸 (1995)「永続的一夫一妻制鳥類ヒメアマツバメのつがい関係」博士論文, 大阪市立大学
J. R. クレブス・N. B. デイビス (1987), 山岸哲・巖佐庸共訳『行動生態学』蒼樹書房
ニコラス・ウェイド編 (1997), 木挽裕美訳, 安西英明監修『ハチクイは, 旦那が実家に入り浸り』翔泳社

主な参考文献

ページ

16) Brown, L. H. (1982) "Birds of Africa" vol.1. Academic Press.
Campbell, B. & E. Lack (eds.)(1985) "A Dictionary of Birds". T & AD Poyser.
Cramp, S. et al. (eds.)(1977) "The Birds of the Western Palearctic". vol. I. Oxford Univ. Press.
Cramp, S. et al. (eds.)(1980) "The Birds of the Western Palearctic". vol. II. Oxford Univ. Press.
Dunning, J. (1993) "CRC Handbook of Avian Body Masses" CRC Press.
Fisher, J. & R. T. Peterson (1988) "World of Birds" Crescent Books.
Welty, J. C. & L. Baptista (1988) "The Life of Birds". 4th ed. Saunders College Publishing.
Marchant, S. & P. J. Higgins (1990) "Handbook of Australian, New Zealand and Antarctic Birds" vol. 1. 0xford Univ. Press.
Martin, B.P. (1987) "World Birds" Guinness Books.
Williamson (1962) "Identification for Ringers. The Genus Phylloscopus". British Trust for Ornithology.
榎本佳樹 (1941)『野鳥便覧』日本野鳥の会大阪支部
小林桂助 (1983)『原色日本鳥類図鑑』新訂増補版　保育社
吉安京子・森本元・千田万里子・仲村昇（2020）鳥類標識調査より得られた種別の生存期間一覧（1961–2017年における上位2記録について）. 山階鳥類学雑誌 , 52.

24) Yamagishi, S., Honda, M. and Eguchi, K. (2001) 'Extreme Endemic Radiation of the Malagasy Vangas (Aves: Passeriformes)'. Journal of Molecular Evolution, 53.
Yamagishi, S. and Eguchi, K. (1996) 'Comparative foraging ecology of Madagascar vangids (Vangidae)'. Ibis, 138.

52) del Hoyo, J., Elliott, A. and Sargatal, J. (eds.) (1992) "Handbook of the Birds of the World". Vol.1. Lynx Edicions.
C. M. ペリンズ・A. L. A. ミドルトン編・黒田長久監修『動物大百科』平凡社

54) Oka, N., Yamamuro, M., Hiratsuka, J. & Satoh, H. (1999) 'Habitat selection by wintering tufted ducks with special reference to their digestive organ, and to possible segregation between neighboring populations'. Ecological Research, 14.
岡 奈理子 (1998)「浅水域の prey-predator システム：二枚貝採食スペシャリストの潜水ガモとその補食圧」月刊海洋 , 30.

66) del Hoyo, J., Elliott, A. and Sargatal, J. (eds.) (1992) "Handbook of the Birds of the World". Vol.1. Lynx Edicions.

70) 飯田誠一 (1994)『飛ぶ その仕組と流体力学』オーム社
吉良幸世・叶内拓哉 (1982)『鳥・空をとぶ』岩崎書店

74) J. C. Welty and L. Baptista (1988) "The Life of Birds". 4th. ed. Saunders College Publishing.

78) J. C. Welty and L. Baptista (1988) "The Life of Birds". 4th. ed. Saunders College Publishing.
Podulka, S. et al. (eds.)(2004)Handbook of bird biology. 2nd. Ed. Cornell Lab of Ornithology, Ithaca, New York.

鳥名さくいん（項目名などになっている主な種類のみ）

勤務。2021年から研究員。北海道大学に社会人入学。2022年同大学農学院博士後期課程修了、博士（農学）。古い標本の歴史を研究している。

米田重玄（こめだ　しげもと）
1948年生まれ、大阪府出身。2015年退職。フェロー。在職中は渡り鳥の生態研究をテーマとし、福井県織田山ステーションでの秋の渡り鳥調査、沖縄本島北部の希少鳥類の生態研究、鳥類の個体群変動の解析などに従事。さらに、中国におけるトキの調査や保護のための普及啓発などに従事した。

佐藤文男（さとう　ふみお）
1952年神奈川県生まれ。2019年定年退職。フェロー。在職中は渡り鳥の生態研究をテーマにし、オオハクチョウ・コハクチョウ・タンチョウ・オオワシ・オジロワシの移動ルートの研究、クロコシジロウミツバメとオオミズナギドリの種間関係研究、1991年からは鳥島のアホウドリの個体数回復・営巣地分散・渡りコース解明研究に取り組んで来た。現在はセンカクアホウドリ・クロコシジロウミツバメの保全研究を継続中である。

茂田良光（しげた　よしみつ）
1950年東京都生まれ。2017年退職。フェロー。在職中は渡り鳥の生態研究をテーマとし、シギ・チドリ類・コアジサシ・山中湖における森林性鳥類・ハクセキレイ等の標識調査に従事。アラスカ北部のハマシギ調査など海外調査も多く行った。

鶴見みや古（つるみ　みやこ）
1950年代群馬県生まれ。小さいときから鳥が好きで、近所の山で鳥を見ていた。主な仕事は図書や文化資料（写真、画、研究に使用された原稿類といった古資料など）の登録や管理。

馬場孝雄（ばば　たかお）
1955年埼玉県生まれ、1978年東邦大学理学部生物学科卒。鳥類標識調査に従事し海外調査にも多数参加した。2012年逝去。

平岡 考（ひらおか　たかし）
1956年埼玉県生まれ。参与。バードウォッチャーが高じてこの道に入った。鳥の形態、分類に関心がある。鳥の絵を描くのが趣味だがなかなか時間がとれず、最近はおもに他の人の絵を鑑賞することで満足している。

百瀬邦和（ももせ　くにかず）
1951年長野県生まれ。資料室標本担当、研究部研究員。収蔵標本の一覧表作成を機に退職し、北海道でタンチョウの調査研究に専念。2007年よりNPO法人タンチョウ保護研究グループ理事長。

吉安京子（よしやす　けいこ）
1980年より山階鳥類研究所に勤務し、主に鳥類標識調査データの管理を担当。2019年退職。フェロー。現在、岡山県で標識調査を行っている。主な趣味は声楽と合唱、読書など。

山階鳥類研究所（やましなちょうるいけんきゅうじょ）
鳥類の研究、鳥類学の普及啓発活動を行う公益財団法人。千葉県我孫子市にあり、鳥類の所蔵標本8万点、図書・資料およそ7万点を擁し、日本の鳥類学の拠点として基礎的な調査・研究を行う。また、研究論文を掲載する学術雑誌や、研究活動をわかりやすく紹介するニュースレターの発行や所員による講演会なども行う。昭和7（1932）年に山階芳麿博士が私財を投じて東京都渋谷区南平台にある山階家私邸内に建てた鳥類標本館が前身。1986年から秋篠宮殿下が総裁を務める。
https://www.yamashina.or.jp/

執筆者プロフィール（50音順）

浅井芝樹（あさい　しげき）
1997年大阪市立大学卒業。2002年京都大学大学院博士後期過程修了京都大学博士（理学）、2002年4月より本研究所研究員。学術誌『山階鳥類学雑誌』の編集に携わっている。

岡 奈理子（おか　なりこ）
早稲田大学卒業、水産学博士（北海道大学）。鳥学研究室長、資料室長、上席研究員を経て退職。現在フェロー。この間、研究報告（現 山階鳥類学雑誌）、日本鳥学会誌の各編集委員長、東京農工大学非常勤講師、東京農業大学客員教授を務める。豪州タスマニア島、伊豆諸島御蔵島や海潟湖でフィールドワークし、栄養生態学的視点から実験室で分析する。目下、函館から御蔵島に渡る生活を反復中。日本生態系協会評議員。

尾崎清明（おざき　きよあき）
東邦大学理学部生物学科卒業後、本研究所において渡り鳥の生態調査に従事する。ヤンバルクイナには発見当初から関わり、現在も生態研究を継続している。2010年より副所長。

柿澤亮三（かきざわ　りょうぞう）
1944年台北生まれ。東京農工大学大学院修士課程修了、理学博士。本研究所研究部長、副所長、玉川大学教育博物館特任教授を歴任。江戸時代、明治時代初期の鳥類学および家禽化された鳥類に関して興味を持つ。2011年逝去。

黒田清子（くろだ　さやこ）
1969年東京生まれ。本研究所フェロー。英国の鳥類学者ジョン・グールドの鳥類図譜に関する調査、都心におけるカワセミの繁殖生態や鳥類相のモニタリング調査などに携わっている。

小林さやか（こばやし　さやか）
1974年福島県生まれ。日本大学農獣医学部畜産学科卒業後、本研究所に

＊本書は2004年発行の『おもしろくてためになる鳥の雑学事典』（日本実業出版社）を改訂して文庫化したものです。

山階鳥類研究所のおもしろくてためになる鳥の教科書

二〇二三年十月五日　初版第一刷発行

著　者　公益財団法人山階鳥類研究所
発行人　川崎深雪
発行所　株式会社　山と溪谷社
郵便番号　一〇一―〇〇五一
東京都千代田区神田神保町一丁目一〇五番地
https://www.yamakei.co.jp/

■乱丁・落丁、及び内容に関するお問合せ先
山と溪谷社自動応答サービス　電話〇三―六七四四―一九〇〇
受付時間／十一時～十六時（土日、祝日を除く）
メールもご利用ください。【乱丁・落丁】service@yamakei.co.jp
【内容】info@yamakei.co.jp
■書店・取次様からのご注文先
山と溪谷社受注センター　電話〇四八―四五八―三四五五
ファクス〇四八―四二一―〇五一三
■書店・取次様からのご注文以外のお問合せ先 eigyo@yamakei.co.jp

フォーマット・デザイン　岡本一宣デザイン事務所
印刷・製本　大日本印刷株式会社

Printed in Japan ISBN 978-4-635-04974-0